全国渔业船员培训统编教材

农业部渔业渔政管理局　组编

船 舶 辅 机

（海洋渔业船舶一级、二级轮机人员适用）

沈千军　郑阿钦　杨建军　编著

中国农业出版社

图书在版编目（CIP）数据

船舶辅机：海洋渔业船舶一级、二级轮机人员适用 /
沈千军，郑阿钦，杨建军编著 . —北京：中国农业出版
社，2016.12
全国渔业船员培训统编教材
ISBN 978 - 7 - 109 - 22590 - 9

Ⅰ.①船… Ⅱ.①沈… ②郑… ③杨… Ⅲ.①船舶辅
机-技术培训-教材 Ⅳ.①U664.5

中国版本图书馆 CIP 数据核字（2017）第 008017 号

中国农业出版社出版
（北京市朝阳区麦子店街 18 号楼）
（邮政编码 100125）
策划编辑 郑 珂 黄向阳
责任编辑 神翠翠

三河市君旺印务有限公司印刷 新华书店北京发行所发行
2017 年 3 月第 1 版 2017 年 3 月河北第 1 次印刷

开本：700mm×1000mm 1/16 印张：9.5
字数：180 千字
定价：45.00 元
（凡本版图书出现印刷、装订错误，请向出版社发行部调换）

全国渔业船员培训统编教材
编审委员会

全国渔业船员培训统编教材编辑委员会

主　编　刘新中

副主编　朱宝颖

编　委（按姓氏笔画排序）

丛书序

安全生产事关人民福祉，事关经济社会发展大局。近年来，我国渔业经济持续较快发展，渔业安全形势总体稳定，为保障国家粮食安全、促进农渔民增收和经济社会发展作出了重要贡献。"十三五"是我国全面建成小康社会的关键时期，也是渔业实现转型升级的重要时期，随着渔业供给侧结构性改革的深入推进，对渔业生产安全工作提出新的要求。

高素质的渔业船员队伍是实现渔业安全生产和渔业经济持续健康发展的重要基础。但当前我国渔民安全生产意识薄弱、技能不足等一些影响和制约渔业安全生产的问题仍然突出，涉外渔业突发事件时有发生，渔业安全生产形势依然严峻。为加强渔业船员管理，维护渔业船员合法权益，保障渔民生命财产安全，推动《中华人民共和国渔业船员管理办法》实施，农业部渔业渔政管理局调集相关省渔港监督管理部门、涉渔高等院校、渔业船员培训机构等各方力量，组织编写了这套"全国渔业船员培训统编教材"系列丛书。

这套教材以农业部渔业船员考试大纲最新要求为基础，同时兼顾渔业船员实际情况，突出需求导向和问题导向，适当调整编写内容，可满足不同文化层次、不同职务船员的差异化需求。围绕理论考试和实操评估分别编制纸质教材和音像教材，注重实操，突出实效。教材图文并茂，直观易懂，辅以小贴士、读一读等延伸阅读，真正做到了让渔民"看得懂、记得住、用得上"。在考试大纲之外增加一册《渔业船舶水上安全事故案例选编》，以真实事故调查报告为基础进行编写，加以评论分析，以进行警示教育，增强学习者的安全意识、守法意识。

相信这套系列丛书的出版将为提高渔民科学文化素质、安全意识和技能以及渔业安全生产水平，起到积极的促进作用。

　　谨此，对系列丛书的顺利出版表示衷心的祝贺！

农业部副部长

2017年1月

前　言

　　《船舶辅机（海洋渔业船舶一级、二级轮机人员适用）》一书是在农业部渔业渔政管理局的组织和指导下，由浙江海洋大学、舟山市渔业技术培训中心共同承担编写任务，根据《农业部办公厅关于印发渔业船员考试大纲的通知》（农办渔〔2014〕54号）中关于渔业船员理论考试和实操评估的要求而编写的。参加编写的人员都是具有多年教学、管理和实船工作经验的教师和行业专家。

　　本书内容严格按照农业部最新渔业船员考试大纲的章节编写，突出适任培训和注重实践的特点，并且融入了编者多年的教学培训经验和实操技能，旨在培养船员在实践中的应用能力。本书适用于全国海洋渔业船舶一级、二级轮机人员的考试、培训和学习，也可作船员上船工作的工具书。

　　本书共七章。第一、二、七章由舟山市渔业技术培训中心沈千军编写，第三、四、五、六章由浙江海洋大学杨建军编写。全书由浙江省淡水水产研究所郑阿钦统稿。

　　由于编者经历及水平有限，书中错疏之处在所难免，敬请使用本书的师生批评指正，以求今后进一步改进。

　　本书在编写、出版过程中得到农业部渔业渔政管理局、中国农业出版社等单位的关心和大力支持，特致谢意。

编　者

2017年1月

目 录

第一章 船用泵

第一节 泵的用途、分类及性能参数

一、泵的用途

泵是输送流体或使流体增压的机械。泵主要用来输送水、油、乳化液、悬乳液等液体，也可输送液、气混合物及悬浮固体物的液体。渔船上常用泵来输送海水、淡水、污水、滑油和燃油等各种液体。

二、泵的分类

根据工作原理的不同，泵的种类可分为三类：容积式泵、叶片式泵和喷射泵。

容积式泵是通过运动部件的位移（例如，活塞的往复运动或转子的回转运动），使泵的工作容积发生变化，把原动机的机械能传递给液体，达到输送液体的目的。这一类泵有往复泵和回转泵（如齿轮泵、叶片泵等）。

叶片式泵是通过带有叶片的工作叶轮的转动，把机械能传递给液体，达到输送液体的目的。这一类泵有离心泵、旋涡泵等。

喷射泵是通过工作流体在喷管中产生高速射流来吸带周围的液体，把动能传递给被输送的液体，达到输送目的。

三、泵的性能参数

表明泵工作性能的物理量如流量、压头、功率、效率、转速及允许吸上真空度，称为泵的性能参数。

1. 流量

流量又称排量，是指泵在单位时间内所能输送的液体量。

通常用容积排量来表示，单位：m^3/s（米^3/秒）、L/s（升/秒）或 m^3/h（米^3/时）。

泵铭牌上所标的排量是指泵在额定工况下的排量。

2. 压头

是指单位质量的液体经过泵所获得的能量。

压头单位为所抽送液体的液柱高度（米液柱）。1 m 的压头意味着泵使单位质量的液体克服重力上升 1 m 的高度，所以压头也可以理解为泵能输送液体的几何高度，故又称为扬程。

3. 功率和效率

泵的功率有输出和输入功率。

泵的输出功率也称为有效功率，是指单位时间内传递给液体的能量，即在单位时间内将一定质量的液体升举一定几何高度所做的功。

泵的输入功率也称为轴功率。

由于泵在实际工作中存在能量损失，故泵的有效功率总是小于轴功率，可用效率来衡量。

即有效功率与轴功率之比值称为效率。

4. 转速

是指泵轴每分钟的回转数，单位：r/min（转/分）。

5. 允许吸上真空度

泵工作时所允许的最大吸入真空度，单位：MPa（兆帕）。

第二节 往 复 泵

一、往复泵的工作原理

往复泵属容积式泵，其对液体做功的主要部件是做往复运动的活塞或柱塞，也可分别称为活塞泵或柱塞泵。

往复泵泵轴每一转理论上容积排量相当于泵缸平均工作容积的倍数，称为泵的作用数。单缸柱塞泵柱塞仅一侧工作，为单作用泵；单缸活塞泵活塞双侧工作，为双作用泵；三作用泵的泵轴带三个相位彼此相差120°的曲柄或偏心轮，有三个单作用泵缸；双缸四作用泵泵轴带两个相位相差90°的曲柄或偏心轮，有两个双作用泵缸。图1-1所示为单缸双作用泵的工作原理图。

二、往复泵的性能特点

1. 有自吸能力

所谓泵的自吸能力，是指其排出泵缸及吸入管路内的空气，将液体从低

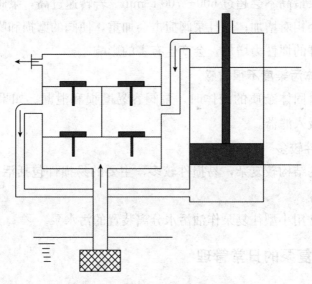

图 1-1 单缸双作用泵的工作原理

于泵处吸上，并开始排送液体的能力。容积式泵都有自吸能力，自吸能力的好坏与泵的结构形式和密封性能有关。

2. 理论流量只取决于转速、泵缸尺寸和作用数

理论流量与工作压力无关。往复泵的实际流量小于理论流量的原因有：①泵阀关闭不严，活塞环、活塞杆填料有漏泄；②吸入时液体压力降低使液体中的气体逸出，压力太低时液体汽化，空气从轴封处漏入；③活塞换向时泵阀关闭难免滞后，故开始排出时会有液体经吸入阀漏回吸入管，开始吸入时又会有液体经排出阀漏回泵缸。

往复泵不能用调节排出阀开度的节流调节法来调节流量，只能采用变速调节或回流（旁通）调节。

3. 额定排出压力与泵的尺寸和转速无关

排出压力主要受限于轴承的承载能力和泵的密封性能，以及泵设计的强度和选配的原动机功率。往复泵启动前必须先开排出阀，为防止万一排压过高导致泵损坏或过载，必须设安全阀。

4. 排量不均匀

往复泵排量脉动大，导致吸、排压力波动，情况严重时会妨碍泵的正常工作。

5. 转速不宜太高

电动往复泵转速一般不高于 200～300 r/min，最高不超过 500 r/min，高压小流量泵最高不会超过 600～700 r/min。若转速过高，泵阀迟滞造成的容积损失就会相对增加；而且泵阀撞击会加重，使阀的磨损和噪声加剧；液流和运动部件的惯性力增加，会产生有害的影响。

6. 对液体污染度不很敏感

当排送含固体杂质的液体时，泵阀容易磨损和泄漏。如果作舱底水泵用，应加装吸入滤器。

7. 易损件较多

往复泵的结构较复杂，易损件较多，主要的易损件包括活塞环、泵阀、填料和轴承等。

渔船上常用小型往复泵作油污水分离装置的污水泵。

三、往复泵的日常管理

1. 启动

泵启动前应先做好下列工作：①检查泵各部件的技术状况，检查泵内外有无妨碍运动的东西或现象。对刚检修过的泵先用人力转动 1～2 个往复行程。②检查润滑油箱内的油量是否充足，并应该在需要人工加油的各摩擦部位加上适量的润滑油。③填料箱压盖不应歪斜，松紧要适当。④查明电动机转向与泵的转向是否一致（防止供应润滑油的齿轮泵转向不对而造成不供油）。⑤全开管路上的吸入截止阀与排出截止阀，接通电源，启动泵。启动时如运转正常，各有关仪表的读数符合要求，启动工作即告完毕。

2. 运转

泵在运转中，主要是采取看、听、摸、闻的方法来监视运转情况是否正常。

看——看吸、排压力表读数、漏泄现象等。

听——随时留心听取泵各运动部件有无异响或不正常响声。

摸——用手触摸各轴承是否发热，用手摸上去不感烫手即为正常。

闻——注意电动机在工作时有无异常的气味。

3. 停车

修车应注意：①切断电源，使泵停止工作。②依次关闭吸入、排出截止阀。③外界温度低于 0 ℃时，应将泵缸内的存液全部放尽以防冻裂。④长期停用时，泵应拆开，将水擦干，涂上油脂后再装配保管。

4. 常见故障及排除方法

往复泵的常见故障及排除方法详见表 1-1。

表 1-1 往复泵的常见故障及排除方法

序号	故　障	原　因	排除方法
1	启动后 不出水或 排量不足	① 水柜无水 ② 吸入或排出截止阀未开或开不足 ③ 吸入管漏气 ④ 吸入滤器或底阀堵塞 ⑤ 胶木活塞环干缩 ⑥ 活塞环、缸套或填料磨损过多 ⑦ 安全阀弹簧太松 ⑧ 阀泄漏、损坏或搁起 ⑨ 吸高太大 ⑩ 吸入管道或缸中产生汽蚀现象 ⑪ 原动机转速太低或太高	① 补充水 ② 全开 ③ 查明漏处堵漏 ④ 清洗滤器或清除堵物 ⑤ 引水浸泡 ⑥ 换新或修复 ⑦ 更换弹簧 ⑧ 修阀或清除阀下杂物 ⑨ 降低泵的安装高度 ⑩ 减小管道或缸的流阻 ⑪ 调整原动机转速
2	缸内有 异响	① 活塞松动 ② 缸内有异物 ③ 填料过紧（摩擦声） ④ 活塞环断裂 ⑤ 传动件间隙太大 ⑥ 活塞环天地间隙太大 ⑦ 活塞杆的固定螺母松动 ⑧ 某个轴承中有松动 ⑨ 吸高太大、吸入管太长、转速太高	① 上紧固定活塞的螺母 ② 取出 ③ 重新调节 ④ 更新活塞环 ⑤ 予以调整 ⑥ 更换活塞环 ⑦ 上紧固定螺母 ⑧ 检修轴承 ⑨ 降低吸高、缩短管长、降低转速

第三节　齿轮泵

一、齿轮泵的工作原理

1. 工作原理

齿轮泵是很常见的回转式容积泵。按齿轮啮合方式可分为外啮合式和内啮合式齿轮泵。齿轮泵的齿形由直齿轮、斜齿轮和人字齿轮。

图 1-2 为外啮合齿轮泵的工作原理图。相啮合的轮齿 A、B 使与吸口 5

相通的吸入腔和与排口 2 相通的排出腔彼此隔离。当齿轮按图示方向回转时，齿 C 逐渐退出其所占据的齿间，该齿间的容积逐渐增大，该处形成低压，于是液体经吸入管从吸口吸入。

随着齿轮的回转，一个个吸满液体的齿间转过吸入腔，沿泵体 3 内壁转到排出腔，依次重新进入啮合，齿间的液体即被轮齿挤出，从排口排出。普通齿轮泵如果反转，其吸排方向即相反。

齿轮泵主要的内漏泄途径是齿轮端面与前、后盖板（有的采用轴套）间的轴向间隙；其次是齿顶和泵体内侧的径向间隙；此外，还有通过啮合齿之间漏泄。

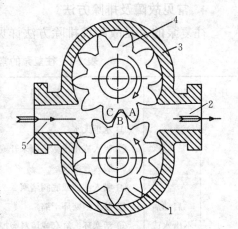

图 1-2　外啮合齿轮泵的工作原理

1. 从动齿轮　2. 排口　3. 泵体
4. 主动齿轮　5. 吸口　A、B、C. 轮齿

2. 困油现象

外啮合齿轮泵的轮齿一般都采用渐开线齿形。为了运转平稳，工作时总是前一对啮合齿尚未脱离啮合，后一对齿便已进入啮合。于是，在部分时间内相邻两对齿会同时处于啮合状态，它们与端盖间形成一个封闭空间，其容积随齿轮的转动而改变，产生困油现象。用图 1-3 所示来说明齿轮泵的困油现象。

图 1-3a 表示一对齿刚啮合时，前一对齿尚未脱开，它们之间形成的封闭容积 $V = V_a + V_b$。齿侧间隙使 V_a 和 V_b 相通。当齿轮按图示方向回转时（图 1-3b），V_a 逐渐减小，V_b 逐渐增大，它们的总容积 V 先逐渐减小，当转到图 1-3b 所示对称位置时最小；再继续回转 V 逐渐增大，到前一对齿将脱开啮合的瞬间（图 1-3c），V 最大。

当封闭容积减小时，其中油从密封间隙强行挤出，产生噪声和振动；同时封闭容积中油压急剧升高，使轴承受到额外的径向力，功率损失增加。而当封闭容积增大时，其中的油压下降，溶于油中的气体析出产生气泡，这些气泡被带到吸入腔，使泵的容积效率降低，振动和噪声加剧。可见困油现象对齿轮泵的工作性能和使用寿命带来很大影响。

目前普遍采用在与齿轮端面接触的固定部件内侧加工出两个卸荷槽的办

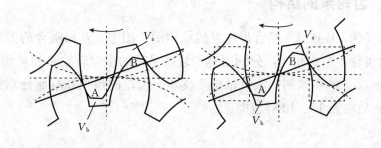

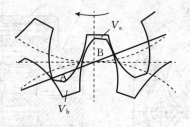

图1-3 齿轮泵困油现象示意图

A、B. 轮齿 V_a、V_b. 轮齿啮合形成的封闭容积

法来消除困油现象，如图1-3b的虚线所示。

采用斜齿轮或人字齿轮的齿轮泵，当一端的一对齿进入啮合时，其所形成的封闭容积的另一端即将脱开，故可避免困油现象。

二、齿轮泵的性能特点

① 结构简单、尺寸小、重量轻、工作可靠、自吸能力强、容易维护。

② 泵如果反转，吸排方向转变。

③ 泵的吸、排过程是靠齿轮与齿轮、齿顶与泵壳及齿轮端面与端盖之间的间隙的密封来保证的。间隙愈小，密封性能愈好，泵的容积效率和所能建立的压头就愈高。

④ 泵的排量比较均匀，但仍有脉动现象。

⑤ 转速可以较高。由于齿轮做回转运动，故不需要曲柄连杆或其他传动机构，可通过联轴器直接与原动机相连。这不但允许泵的转速较高，而且使泵的体积减小和易损件减少。

⑥ 齿轮泵工作时摩擦面较多，适合输送有润滑性且不含固体颗粒的液体。

三、齿轮泵的结构

图 1-4 为 CB-B 型外啮合齿轮泵的结构图。图中，互相啮合的主动齿轮 6 和从动齿轮 4 结构相同，分别用键安装在平行的主动转轴 7 和从动转轴 5 上，而轴 7、5 的两端则由滚针轴承 2 支承。齿轮的齿顶和端面分别被泵体 11 和前、后端盖 10、12 所包围。

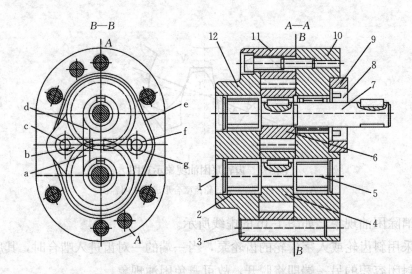

图 1-4　CB-B 型外啮合式齿轮泵的结构图

1. 闷盖　2. 滚针轴承　3. 定位销　4. 从动齿轮　5. 从动转轴　6. 主动齿轮
7. 主动转轴　8. 油封　9. 轴封套　10. 前盖　11. 泵体　12. 后盖　a～g. 油槽

CB-B 型齿轮泵的极限间隙轴向为 0.05～0.07 mm，径向为 0.23～0.34 mm。泵体 11 上铣有油槽 e，将端面漏油引回吸入腔，可降低泵体与端盖间油压力，防止外泄。部分端面油可进入各轴承腔帮助润滑，漏往轴承腔的油又可经前、后端盖上的油槽 d、a 回吸入腔。三只闷盖 1 和油封 8 可防止轴承腔漏入空气或向外漏油。

油封 8 适用于工作压力不高的旋转轴。它由弹性体、金属骨架和弹簧组成。标准型油封使用压力范围不超过 0.05 MPa，耐压型一般可达 1～1.2 MPa，使用线速度小于 15 m/s，油温不高于 120～200 ℃，依所用弹性体的材料而不同。

油封简单、价廉，位置紧凑，拆装方便，对轴的振荡和偏心适应性好，最大漏泄量仅每小时 1 滴，停机时不漏，但摩擦功率稍大。转轴或轴套与油封弹性体接触面的粗糙度应较小。安装时唇缘朝向油液侧，接触面应涂敷油液或油脂，可用专用工具推入，务必防止偏斜。

四、齿轮泵的日常管理

1. 齿轮泵的日常管理

① 检修时应注意电动机的接线不要接错，否则会反转而使普通齿轮泵吸排方向弄反。齿轮泵除专门设计成可逆转的外，一般不允许反转。这或是因为吸、排口径不同或卸荷槽是否对称设计，也有的是因为泵设有按既定吸、排方向设计的安全阀或润滑轴承的泄油路径。

泵和电机保持对中良好，联轴节不同心度一般应不超过 0.05 mm。由于泵轴工作时有弯曲变形，最好能使用挠性连接。

② 齿轮泵虽有自吸能力，但启动前摩擦部件的表面一定要有油，新泵初用前应灌油，拆修的泵装复时齿轮应浇油。

③ 不宜超出额定排出压力工作，否则会使原动机过载，轴承负荷过重，并使工作部件变形，磨损和泄漏增加，严重时甚至造成卡阻。

④ 防止吸入压力过低和吸入空气。当吸入真空度增加时，油中气体的析出量增加，容积效率会降低，还会产生"气穴现象"；吸入空气不但会使流量减少，而且是产生噪声的主要原因。除保持吸入油面有足够高度外，还要防止吸入管漏泄，如果泵工作时噪声很大，可在吸入管各接口处逐个浇油检查，如果噪声下降，则说明该处漏气。

⑤ 所输送油液应保持合适的温度和黏度。油温太高或黏度太低则漏泄增加，还容易产生"气穴现象"；黏度过高同样也会使吸入困难，容积效率降低。

⑥ 应保持适当的密封间隙。端面间隙对齿轮泵的自吸能力和容积效率影响最大，它可用压软铅丝的方法测出。必要时可改变端盖与泵体之间的纸垫厚度来调整端面间隙；磨损过大时可将泵体与端盖结合面磨去少许来补救。

⑦ 低压齿轮泵对污染敏感度不高，吸口一般设 100 目的滤油网即可。液压泵要求较高。

2. 齿轮泵的常见故障及排除方法

齿轮泵的常见故障及排除方法详见表 1-2。

表 1-2　齿轮泵的常见故障及排除方法

序号	故障现象	故障原因	消除方法
1	不能排油或排量不足	① 泵不能回转或转速太低 ② 电动机转向弄反 ③ 吸入管或吸入滤器堵塞 ④ 吸油管口露出液面 ⑤ 吸油管漏气 ⑥ 吸、排阀忘开 ⑦ 内部间隙过大或安全阀漏泄 ⑧ 启动前泵内无油	① 检查电源，拆检油泵 ② 重新接线 ③ 检查管路，清洗滤器 ④ 加油到油标尺基准线 ⑤ 检查管子，消除漏气 ⑥ 开足吸、排阀 ⑦ 拆泵检查 ⑧ 向泵内灌油
2	泵磨损太快	① 油液含磨料性杂质 ② 长期空转 ③ 排出压力过高 ④ 泵装配失误、中心线不正	① 加强过滤，或更换油液 ② 防止空转 ③ 设法降低排出压力 ④ 检修校正
3	工作噪声太大	① 吸入滤器堵塞 ② 吸入滤器容量太小 ③ 吸油管太细或堵塞 ④ 漏入空气 ⑤ 油箱内有气泡 ⑥ 油位太低 ⑦ 泵产生机械摩擦	① 清洗滤器 ② 换用大容量的滤器 ③ 检查或更换管路，把吸入压力提高到允许范围内 ④ 检查管路，消除漏气 ⑤ 检查回油管，防止发生气泡 ⑥ 加油到油标线 ⑦ 拆检泵轴、齿轮、啮合面和轴承

第四节　离　心　泵

一、离心泵的工作原理

离心泵的基本工作原理可用图 1-5 来说明。离心泵工作时，预先充满在泵中的液体受叶片的推压，随叶轮 7 一起回转，产生离心力，从叶轮 7 中心向四周甩出，在叶轮中心处形成低压，液体便在吸入液面气体压力的作用下，由吸入口 10 与吸水管 9 被吸进叶轮 7。从叶轮流出的液体，压力和速度都比进入叶轮时增大了许多，由蜗壳 6 的蜗室 8 将它们汇聚，平稳地导向排出管。排出管流道截面逐渐增大，液体流速降低，大部分动能变为压力能。叶轮不停地回转，液体的吸排便连续地进行。

二、离心泵的性能特点

1. 优点

离心泵的优点如下：①流量连续均匀且便于调节，工作平稳，适用流量范围很大。②转速高，可与高速原动机直连；结构简单紧凑，尺寸和重量比同流量的往复泵小得多，造价也低许多。③对杂质不敏感，易损件少，管理和维修较方便。

2. 缺点

离心泵的缺点如下：①本身无自吸能力。②流量随工作扬程而变，一般工作扬程升高则流量减小，当工作扬程达到关闭扬程时，泵即空转而不排液。③所能产生的扬程由叶轮外径和转速决定，不适合小流量、高扬程，离心泵产生的最大排压有限，故不必设安全阀。

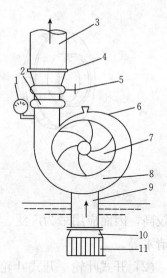

图 1-5　离心泵的工作原理

1. 压力表　2. 止回阀　3. 排出管
4. 出水口接头　5. 排出阀　6. 蜗壳
7. 叶轮　8. 蜗室　9. 吸水管
10. 吸入口　11. 吸入滤网（底阀）

三、离心泵的结构

1. 叶轮

叶轮是把来自原动机的机械能传给被输送液体的部件。叶轮的结构形状对离心泵的工作性能有决定性的影响。

叶轮高速转动，它本身因离心力、泵轴对它的驱动力和液体对它的反作用力等而产生的应力很大，故应有一定的强度，同时必须耐腐蚀。叶轮多用青铜制成，但经常运行的淡水泵则可采用铸铁叶轮、磷青铜叶轮或铸钢叶轮。

叶轮的结构形式，除有单吸、双吸外，还有闭式、开式和半开式之分，如图 1-6 所示。

（1）闭式叶轮　闭式叶轮由前、后盖板，叶片和轮毂三部分构成，一般为整体铸造。通常叶轮有 5～7 个叶片。由于叶片两侧均有盖板，每两个叶片与盖板之间都形成一个封闭的流道，故工作时液体泄漏损失减少，容积效

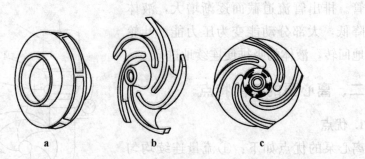

图 1-6　离心泵叶轮

a. 闭式　b. 开式　c. 半开式

率较高，因而应用最为广泛。它适宜于输送无纤维物及无机械杂质的液体，如清水等。

（2）**开式叶轮**　开式叶轮无盖板，叶片直接铸在轮毂上。它制造简单，但效率甚低，适用于低压小型泵或污水泵、泥浆泵中。

（3）**半开式叶轮**　半开式叶轮在吸入口一侧无盖板，叶片铸在后侧盖板上。它适用于输送易沉淀或含有杂质的液体的泵中，如江水泵等。为了防止叶轮出口的液体大量漏回到叶轮入口，应使叶片吸入端与泵壳之间的轴向间隙减小到容许的最小值。但效率仍然较低。

2. 泵壳

泵壳通常铸成蜗壳形，是主要固定部件。它收集来自叶轮的液体，并使液体的部分动能转换为压力能，最后将液体均匀地导向排出口。

3. 阻漏装置

叶轮和泵轴是转动的，而泵壳是静止的，动与静两者之间在结构上就需留有间隙。若间隙前后的液体压力不等，液体就会流过间隙而产生泄漏。显然，叶轮与泵壳之间的间隙，会使叶轮出口端的液体漏回到叶轮进口端，使泵的实际排量减小。为了减少泄漏，常在叶轮入口与泵壳之间装设阻漏环。泵轴伸出端与泵壳间的间隙，会使液体漏出泵外或使空气进入泵内，故需设轴封装置。可见，阻漏环和轴封装置是保证泵正常工作并且具有较高容积效率的主要部件。

（1）**阻漏环**　阻漏环的结构形式有三种：平环式，结构简单、制造方便，但密封效果差（图 1-7a）；直角式，液体泄漏时通过一个 90°的通道，密封效果比平环式好，应用广泛（图 1-7b）；迷宫式，密封效果好，但结构复杂、制造困难，一般离心泵中很少采用（图 1-7c）。密封环内孔与叶轮外圆处的径向间隙一般在 0.1～0.2 mm。阻漏环的径向间隙应尽量减小，因为径向间隙越小，环形缝隙的面积越小，泄漏量就越少。阻漏环容易磨损而使泄漏增加，当间隙超过允许值时，应及时更换。密封环应采用耐磨材料制造，常用的材料有铸铁、青铜等。

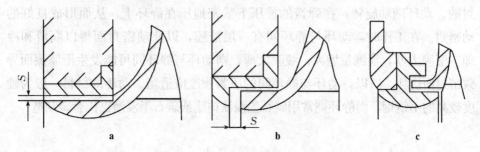

图 1-7 阻漏环的结构形式

a. 平环式　b. 直角式　c. 迷宫式

（2）轴封　在离心泵中常用填料密封式轴封和机械密封式轴封。

① 填料密封式轴封的结构如图 1-8 所示，主要由填料套 6、填料 5、压盖 4、水封环 1 等组成。

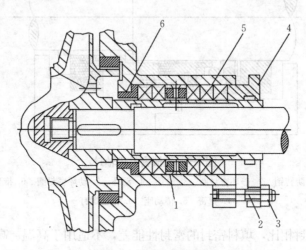

图 1-8 填料密封式轴封

1. 水封环　2. 螺栓　3. 螺母　4. 压盖　5. 填料　6. 填料套

从图 1-8 可见，在填料箱内加装了一个青铜制的水封环 1。水封环是由两个半圆合成的圆环，断面呈 H 形，内径稍大于泵轴轴径，以免擦伤泵轴。泵工作时，由水封管引来的少量排出液体，先进入水封环中，然后沿轴向经填料 5 两端渗出，于是，形成良好的水封。在安装时应注意使水封环对准泵体上的水封孔，以免水封失去作用。

②机械密封式轴封结构如图1-9所示，主要由随轴转动的传动座8、弹簧7、动环4、动环密封圈5及固定在泵壳上的静环3、静环密封圈2等组成。机械密封主要借助动环与静环的精密配合和密封圈紧箍于轴上而实现密封的。动环随轴旋转，在弹簧的推压下紧密地压在静环上，从而形成良好的动密封。在工作时，动环与静环间有一层液膜，以使动密封面得以润滑和冷却。液膜太厚，泄漏量增大；液膜太薄，则动环与静环间可能发生干摩擦而导致密封面烧坏。所以，动环与静环间的压紧程度应适当。动环的材料一般为硬度较高的不锈钢，而静环则常用碳石墨浸渍树脂或碳石墨浸渍巴氏合金制造。

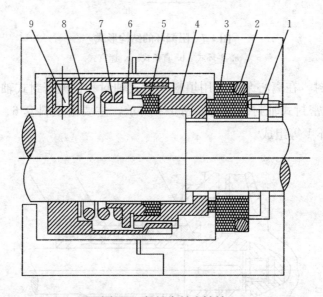

图1-9　机械密封式轴封
1 防转销　2. 静环密封圈　3. 静环　4. 动环　5. 动环密封圈　6. 推环
7. 弹簧　8. 传动座　9. 传动螺钉

与填料密封相比，填料密封的密封性能差，不适用于高温、高压、高转速、强腐蚀等恶劣的工作条件。机械密封装置具有密封性能好、尺寸紧凑、使用寿命长、功率消耗小等优点，所以，机械密封广泛应用于输送高温、高压和有强腐蚀性液体的离心泵中。但是机械密封制造复杂，安装精度高，损坏时更换不如填料密封方便，采用这种密封装置的泵不适用于输送含有固体杂质的液体。

4. 离心泵的平衡

为避免轴向力使叶轮产生轴向窜动，应设法平衡轴向推力。常用的方法有以下几种。

（1）**止推轴承** 止推轴承平衡轴向推力的承载能力有限，故只有小型泵才用它以平衡轴向推力，而大型泵中只作平衡轴向力的辅助手段。

（2）**平衡孔或平衡管** 平衡孔是在叶轮后盖板上位于后密封环半径之内开出若干个圆孔，如图 1-10 所示。这样可使叶轮后盖板外侧密封环半径之内的区域与前盖板相应部位的压力基本平衡。这种方法结构简单，但却使泵的容积效率下降，且从后盖板平衡孔流回的液体，其液流方向与吸入液流方向相反，破坏泵的吸入性能。有的泵用平衡管代替平衡孔（图 1-11）将后密封环泄漏的液体引回叶轮吸入口，这样可不影响液体的流动，但结构较复杂。平衡孔和平衡管都具有一定的流动阻力，因此不可能完全平衡轴向力。剩余的轴向力靠止推轴承来平衡。

（3）**双吸式叶轮或叶轮对称布置** 双吸式叶轮因形状对称，故两侧压力基本平衡，多用于大流量的离心泵，如图 1-12 所示。

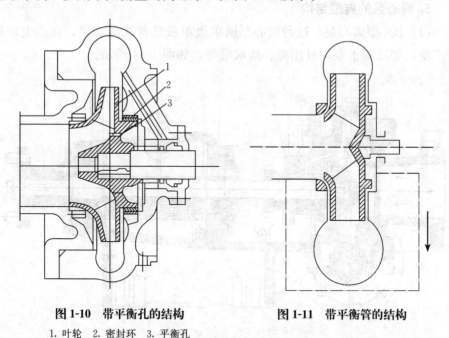

图 1-10 带平衡孔的结构　　　　　**图 1-11 带平衡管的结构**
1. 叶轮　2. 密封环　3. 平衡孔

多级离心泵且级数为偶数时，一般各级叶轮尺寸相同，所以也可采用叶轮对称布置，就基本平衡轴向推力，如图 1-13 所示。

（4）**平衡盘** 多级离心泵轴向力较大，常采用平衡盘来平衡，它是一种液力自动平衡装置。

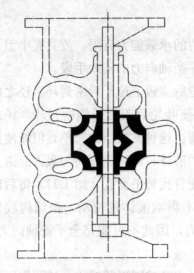

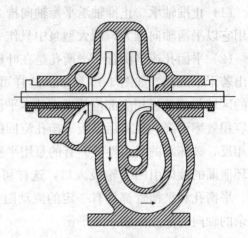

图 1-12　双吸式叶轮　　　　　　　　图 1-13　叶轮对称布置

5. 离心泵的典型结构

（1）BA 型离心泵　这种离心泵属单级单吸悬臂式离心泵，在船上应用较广泛，如冷却水泵，日用海、淡水泵等，如图 1-14 所示。

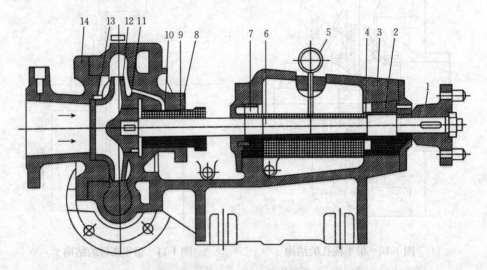

图 1-14　BA 型离心泵

1. 联轴器　2. 轴承　3. 轴承架　4. 定距套　5. 油尺　6. 轴　7. 轴承
8. 泵体　9. 填料　10. 水封环　11. 后密封环　12. 叶轮　13. 前密封环　14. 吸入接管

BA 型离心泵的流量为 5.5～300 m³/h，压头为 8～150 m。泵轴一端在轴承架内由两个轴承支承，轴承用机油润滑。轴的另一端旋出安装叶轮，在叶轮背面做出与前面相同的密封环，叶轮中间开平衡孔用以平行轴向力。轴封一般用填料密封，中间加水封环。

（2）CL 型离心泵 CL 型离心泵是渔船常用泵，呈立式结构，如图 1-15 所示。置于泵上方的电动机通过联轴器直接驱动泵轴回转。泵轴支承于上部和下部滚珠轴承上。叶轮属单级单吸式，用键和细牙反向螺帽固定在泵轴的下端。泵壳由泵体和泵盖组成。叶轮的阻漏装置采用圆柱形平板式的阻漏环。泵出轴端的密封装置一般采用机械式密封装置，其构造如图 1-9 所示。在正常情况下，机械式密封装置的漏泄量一般应不超过 10 mL/h。泵的轴向推力采用具有足够轴向承载能力的支承轴承来平衡（该泵叶轮上设有平衡孔）。

（3）单级蜗壳式离心泵 如图 1-16 所示，单级蜗壳式离心泵其主要工作部件是泵壳 3 和叶轮 1。螺线形的泵

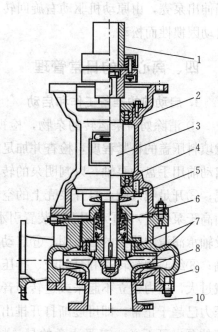

图 1-15 CL 型单级单吸船用立式离心泵

1. 联轴器 2. 轴承座 3. 泵轴
4. 滚珠轴承 5. 挡水圈 6. 机械轴封
7. 阻漏环 8. 叶轮 9. 泵壳 10. 端盖

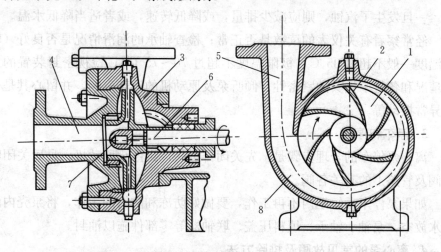

图 1-16 单级蜗壳式离心泵

1. 叶轮 2. 叶片 3. 泵壳 4. 吸入接管 5. 扩压管 6. 泵轴 7. 固定螺帽 8. 蜗室

壳亦称蜗壳，包括蜗室8和扩压管5。叶轮通常由5～7个弧形叶片2和前、后圆形盖板构成，用键和螺帽7固定在泵轴6的一端。轴的另一端穿过填料函伸出泵壳，由原动机驱动右旋回转。螺帽7通常采用左旋螺纹，以防反复启动因惯性而松动。

四、离心泵的日常管理

1. 启动前的准备工作和启动

① 清除妨碍泵运转的杂物，检视机座及所有连接部分的紧固情况，注意填料压盖的松紧程度，检查并加足润滑油；②检修后第一次启动，必须在启动前用手盘动泵轴，以判明泵的转动是否灵活，有无卡阻和轴线失中等情况；③开足吸入阀，打开泵壳上的空气旋塞，直到有水流出时关闭（吸入液面高于泵体者）；④利用引水装置引水入泵；⑤打开泵上通向填料箱水封管及轴承润滑水管上的截止阀；⑥启动原动机，使泵启动；⑦检查转向是否正确；⑧细心观察转速和泵的吸、排压力表读数，注意声响，如发现原动机负载过大，压力建立不起来或运转声音异常，均须停车检查；⑨当泵的转速和压力已趋于正常，即可逐渐打开排出阀供水。离心泵可以封闭启动，但小功率的泵也可不必，需要注意的是，封闭运转的时间不宜过长（一般不超过2～3 min），否则因叶轮搅拌液体而发热，可能导致故障。

2. 运行管理

运行中应防止发生汽蚀现象，为此，应注意经常清洗过滤器，开足吸入阀。一旦发生了汽蚀，则应减少排量，或降低转速，或者适当降低水温。

经常察看有关仪表的读数是否正常；检查轴承的润滑情况是否良好（轴承温度一般不超过35 ℃，极限温度不超过70～75 ℃）；检视密封装置的工作情况和各管子接头的紧密性；倾听泵及原动机的运转声响，并留心其是否有异常振动等。

3. 停车和停用

离心泵停车的合理步骤是：先关闭排出阀，再停止原动机，最后关闭吸入阀及管路上的有关各阀。

如果泵停车后短期内不再工作，要做好防冻和防锈的工作，将泵壳内的积水放空，泵轴、轴承、填料压盖、联轴器等零部件施以油封。

4. 离心泵的常见故障及排除方法

离心泵的常见故障及排除方法详见表1-3。

表 1-3 离心泵的常见故障及排除方法

序号	故 障	原 因	排除方法
1	泵启动后不出水	① 引水装置失灵，或忘了引水或底阀泄漏 ② 吸入端（吸入管、泵壳、轴封）漏气 ③ 吸入管露出液面 ④ 吸高太大 ⑤ 吸入管流阻太大 ⑥ 吸入阀未打开，底阀锈死 ⑦ 吸水温度过高 ⑧ 叶轮松脱，淤塞或严重损坏 ⑨ 泵转速太低 ⑩ 泵转向不对或叶轮装反 ⑪ 管路静压太大或排出阀未开	① 检查引水装置和底阀，重新引水 ② 消除漏气 ③ 加接吸入管 ④ 降低吸高 ⑤ 清洗过滤器 ⑥ 打开吸入阀，修理底阀 ⑦ 降低水温 ⑧ 检修叶轮或更换叶轮 ⑨ 增加转速 ⑩ 纠正转向和装正叶轮 ⑪ 打开排出阀
2	排量不足	① 转速不够 ② 阻漏环磨损 ③ 叶轮损伤或部分淤塞 ④ 吸入管或轴封漏气 ⑤ 吸入液面太低，以致吸入了气体 ⑥ 发生了"汽蚀"现象 ⑦ 吸入阀未开足	① 增大转速 ② 修理或换新阻漏环 ③ 清洗或换新叶轮 ④ 消除 ⑤ 提高吸入液面 ⑥ 降低吸高、流阻、水温、转速等 ⑦ 开足吸入阀
3	填料密封和机械密封装置泄漏过多	① 填料松散或密封装置磨损、失效 ② 填料或密封处泵轴（或轴套）产生裂痕 ③ 轴弯曲或轴线不正	① 调整，修理或换新 ② 修理或换新 ③ 校直或更换泵轴，校正轴线
4	泵工作时伴有噪声和振动	① 地脚螺栓松动 ② 联轴器对中不良，轴线不正 ③ 轴承磨损，叶轮下沉触及泵壳 ④ 叶轮损坏，局部阻塞或本身平衡性差 ⑤ 泵轴弯曲 ⑥ 泵内有杂物 ⑦ 发生"汽蚀"	① 上紧地脚螺栓 ② 校正轴线 ③ 换新轴承 ④ 换新叶轮 ⑤ 校直泵轴 ⑥ 清除杂物 ⑦ 查明原因，予以清除
5	轴承发热	① 润滑油量不足 ② 轴承装配不正确或间隙不适当 ③ 泵轴弯曲或轴线不正 ④ 轴向推力太大，由摩擦引起发热 ⑤ 轴承损坏	① 加油 ② 调整、修正 ③ 校正轴线，校直泵轴 ④ 注意平衡装置的情况 ⑤ 更换

第五节 螺 杆 泵

一、螺杆泵的工作原理

螺杆泵是船上常用的一种回转式容积泵，是利用螺杆的回转来吸排液体的。由于各螺杆的相互啮合及螺杆与衬筒内壁的紧密配合，在泵的吸入口和排出口之间，就会被分隔成一个或多个密封空间。随着螺杆的转动和啮合，这些密封空间在泵的吸入端不断形成，将吸入室中的液体封入其中，并自吸入室沿螺杆轴向连续地推移至排出端，将封闭在各空间中的液体不断排出，犹如一螺母在螺纹回转时被不断向前推进的情形那样。

根据螺杆的数目，有单螺杆泵、双螺杆泵、三螺杆泵和五螺杆泵之分。

二、螺杆泵的性能特点

螺杆泵的优点：①压力和流量范围宽阔。②运送液体的种类和黏度范围宽广。③因为泵内的回转部件惯性力较低，故可使用很高的转速。④吸入性能好，具有自吸能力。⑤流量均匀连续，振动小，噪声低。⑥结构坚实，安装保养容易。

螺杆泵的缺点是螺杆轴向尺寸较长，刚性较差；加工工艺要求较高，价格一般比其他回转泵高；与其他回转泵相比，对进入的气体和污物不太敏感。

三、单螺杆泵的结构

图 1-17 为单螺杆泵的结构图。

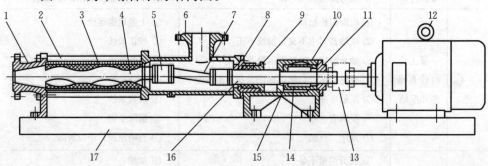

图 1-17 单螺杆泵的结构图

1. 出料腔 2. 拉杆 3. 螺杆套 4. 螺杆轴 5. 万向节总成 6. 吸入管
7. 连接轴 8. 填料座 9. 填料压盖 10. 轴承座 11. 轴承盖 12. 电动机
13. 联轴器 14. 轴套 15. 轴承 16. 传动轴 17. 底座

单螺杆泵螺杆和泵缸的啮合能将吸、排口完全隔断，属于密封型螺杆泵。当泵运转时，螺杆与泵缸之间与右端吸口相通的工作容积不断增大而吸入液体，然后形成与吸口隔离的封闭容腔，继而左移与排口相通，该空间容积又不断减小而排出液体。

单螺杆泵导程数较少，密封性稍差。在渔船上，油水分离器的污水泵有时用单螺杆泵。

四、螺杆泵的日常管理

① 螺杆泵虽有自吸能力，也和齿轮泵一样应防止干转，以免螺杆和缸套的工作表面严重磨损。单螺杆泵如断流干转，则橡胶制成的泵缸很快会烧毁。因此，初次使用或拆检装复后，应向泵壳内灌入所排送的液体。工作中应严防吸空。停用断电后，应等泵停转再关吸入阀，以免泵内液体被吸空。

② 螺杆泵一般都有固定的转向，反转会使吸排方向改变，推力平衡装置就会失去作用。

③ 螺杆泵应先将吸、排截止阀全开启动。不许长时间全关排出阀通过调压阀回流运转，也不应靠调压阀大流量回流使泵适应小流量的需要，否则节流损失严重，会使所排液体温度升高，甚至使泵高温变形而损坏。

④ 螺杆较长，刚性较差，在拆装、存放时应防止弯曲变形。泵的联轴节应对中良好。螺杆拆装起吊时要防止受力弯曲。较长的备用螺杆应垂直固定存放，以免放置不平而变形。使用中应防止油温过高，以免螺杆因膨胀而顶弯。

⑤ 防止油温太低、黏度过高、滤器脏堵等。

第六节　旋涡泵

一、旋涡泵的工作原理

如图 1-18 所示，当液体沿径向进入叶片之间后，便随叶轮一起高速旋转，获得能量，并在离心力作用下又被甩入流道之中。由于流道形状的限制，液体在流道中形成涡流（图 1-18a），使之又返回后面转来的叶片之间。如此多次反复获得能量，直至排出，可见液体在旋涡泵中的流动情况是：对固定的泵壳来说，它是随着叶轮旋转从入口至出口不断地、螺旋形地前进；而对旋转的叶轮来说，则是螺旋形地后退（图 1-18b）。

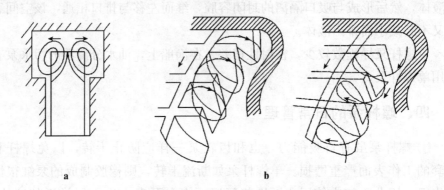

图 1-18　旋涡泵工作原理图

a. 液体在流道中形成涡流　b. 液体在旋涡泵中的流动情况

二、旋涡泵的性能特点

① 液体在泵内多次流经叶轮获得能量。与离心泵相比，如叶轮外径和转速等参数相同，旋涡泵产生的扬程可比离心泵产生的扬程大 2～5 倍。因此旋涡泵可制成高扬程、小排量的泵。

② 旋涡泵叶轮的叶片数较多，叶片较短直。

③ 液体流经泵时与流道和叶片撞击损失较大，故旋涡泵的效率较低。闭式旋涡泵的效率一般为 20％～40％，最高达 45％；开式旋涡泵的效率通常为 20％～30％，最高达 35％。

④ 旋涡泵的压头变化较大时，流量变化并不大；泵的流量减小时，所消耗的功率增大。因此旋涡泵不宜采取节流法调节泵的流量，而应采取回流调节法。旋涡泵启动时也应将排出阀、旁通阀全开，以降低电动机的启动负荷。

⑤ 旋涡泵的叶轮与泵壳之间的间隙要求较严，通常叶轮与泵壳隔板间的径向间隙为 0.15～0.30 mm，叶轮两侧与泵壳间的轴向间隙为 0.07～0.20 mm。故旋涡泵不宜输送有杂质的液体，否则磨损严重。也不宜输送黏度太大的液体，否则流动阻力损失过大，大大降低泵的扬程。

⑥ 旋涡泵结构简单、紧凑，易于机舱布置，故被广泛地用作辅助锅炉和压力水柜的给水泵，以及海水淡化装置的淡水输送泵。

三、旋涡泵的结构

旋涡泵按其叶轮形式不同可分为闭式旋涡泵、开式旋涡泵和离心旋涡泵三种。闭式旋涡泵应用最为普遍。图1-19所示为闭式旋涡泵的结构图，其总体结构与离心泵基本相同，但叶轮2是一个等厚度的圆盘，其上铸有许多个短直的叶片（图1-19b）。两叶片之间设有隔板，使液体不能在两叶片之间轴向地流过，这种叶轮称为闭式叶轮。它的泵壳两侧与叶轮紧贴。叶轮外圆与泵壳之间形成环形流道5。流道被中央隔舌4隔开，分成吸入和排出两侧。由于这类流道都沿径向向外延伸，并构成泵的吸、排口，故称为开式流道。

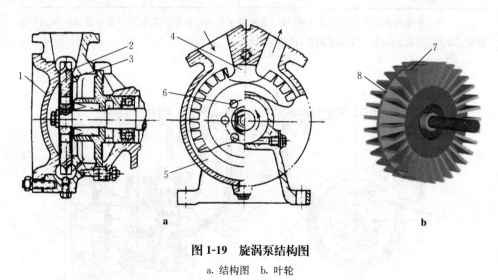

a   b

图1-19　旋涡泵结构图

a. 结构图　b. 叶轮

1. 泵盖　2. 叶轮　3. 泵壳　4. 隔板　5. 流道　6. 平衡孔　7. 叶片　8. 隔板

四、离心—旋涡泵

旋涡泵的特点是高扬程、小排量，但其吸入性能较差，而离心泵特点是排量大，压头小，吸入性能较好。由此，如果把它们组合在一起，在旋涡叶轮前加上一个离心叶轮，做成双级串联的离心—旋涡泵，使两者相辅相成，取长补短，那么，低排量高压头下的排水问题和吸入性能的问题就可得到一定程度的解决。所以离心—旋涡泵是旋涡泵的一个发展，在船上常用作压力水柜的给水泵等。

渔船常用的 1.5 CWX 型电动离心—旋涡泵，其结构如图 1-20 所示。其主要性能参数列于表 1-4 中。

表 1-4　离心—旋涡泵主要性能

名　称	单　位	型　号	
		1.5 CWX-4	1.5 CWX-2
排　量	m³/h	10	3
压　头	m	35	40
容许吸入真空度	m	4（额定）	4（额定）
		8（最大）	8（最大）
转　速	r/min	2 900	2 900
轴功率	kW	2.5	2

注：离心—旋涡泵型号 1.5 CWX-4 中，1.5 表示该泵的入口直径（英寸），C 表示船用，W 表示旋涡泵，X 表示该泵为双级，4 表示泵的比转数的 1/10。

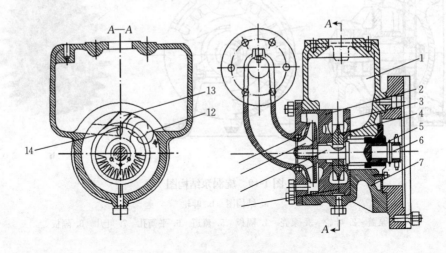

图 1-20　CWZ 离心—旋涡泵

1. 气水分离室　2. 内隔板　3. 外隔板　4. 旋涡泵叶轮　5. 挡圈
6. 横销　7. 泵体　8. 垫片　9. 泵轴　10. 离心泵叶轮　11. 泵盖
12. 中间斜道　13. 旋涡泵出水口　14. 回水口

泵中第一级的离心泵叶轮 10 与第二级的旋涡泵叶轮 4，安装在同一泵轴 9 上，两级叶轮之间用内隔板 2 隔开。内隔板 2 与外隔板 3 构成旋涡泵的流道，而内隔板 2 与泵盖 11 又组成离心泵的螺壳。通过内隔板 2 上的中间斜通道，从螺壳最大断面处把水由离心泵引入旋涡泵中。

　　为了使泵具有自吸能力，在第二级叶轮排出口外装有一较大容积的气水分离室 1。泵在首次启动时需要灌引水。再次启动时，则由留在泵壳内的水来保证泵的自吸能力。因为留在泵壳内的水与管系中吸入的空气混合，经旋涡泵叶轮 4 后排到泵壳上部的气水分离室 1 中。在气水分离室里有较大的容积空间，从而使气水混合物流速下降，因水的重度远大于空气，所以水与气自然分离，水经外隔板 3 上的回水口 14，再次进入旋涡泵，空气则经分离器上部排走。如此重复循环，直至驱尽吸入管及泵内空气后，泵就投入正常工作。

　　旋涡叶轮与内外隔板间的间隙，应保持在 0.15～0.25 mm，最大不得超过 0.35 mm。当间隙超过上述误差值时，可用改变内外隔板间纸垫厚度来调整。离心叶轮与阻漏环之间的间隙应保持在 0.25～0.35 mm，并不得超过 0.5 mm，否则会影响泵的正常工作。

　　为了使泵的结构紧凑，泵轴直接套装在电动机轴上，用横销 6 和挡圈 5 加以固定，以传递力矩。旋涡叶轮的出轴处采用机械轴封装置，因而不宜用其输送含有大量砂泥的液体，否则会加快磨损密封面，引起严重漏泄。

五、旋涡泵的日常管理

1. 旋涡泵的装配与检修

　　旋涡泵的拆装和检修与离心泵有许多共同之处。

　　叶轮的损坏主要因未清除的焊渣进入泵内或被输送液体中含有坚硬的颗粒杂质，在运转时损坏叶片。检查时发现叶轮损坏，须更换或修理。叶轮的侧表面如有划痕等表面缺陷，可用砂布打磨消除。泵轴在拆卸时也须加以检查，轴的各个配合轴颈处如有磨损划痕，均应打磨消除。还应检查机械密封装置的动环与静环接触面是否良好，弹簧是否松弛，橡皮密封圈是否老化，如发现毛病应及时修复或换新。

　　旋涡泵主要零件的形位公差及装配间隙如下：

　　① 泵轴的各个配合轴颈处的径向圆跳动，误差不超过 0.02 mm。

　　② 旋涡泵叶轮两端面与轴线垂直度误差不超过 0.02 mm。

　　③ 旋涡泵叶轮与泵体（或隔板）间的轴向间隙一般为 0.15～0.25 mm；离心泵叶轮与泵盖间的轴向间隙为 0.4～1 mm。间隙可用泵体与泵盖之间的纸垫调整。

2. 旋涡泵的常见故障及排除方法

旋涡泵的常见故障及排除方法详见表1-5。

表1-5　旋涡泵的常见故障及排除方法

序号	故障	原因	排除方法
1	泵启动后不出水	① 泵内没有液体 ② 空气渗漏入吸入管路 ③ 吸水高度超过要求 ④ 泵转向不对 ⑤ 叶轮或管路堵塞	① 向泵内灌注液体 ② 拧紧吸入管路的螺母或更换垫片 ③ 降低泵的几何安装高度或减少吸入管长度 ④ 检查并纠正电动机的转向 ⑤ 检查并清理
2	排量减少	① 管路的阻力大于规定值 ② 叶轮和管路有淤塞 ③ 叶轮与泵体、泵盖之间的轴向间隙过大（大于0.3 mm） ④ 转速降低	① 检查管路的安装情况，尽量减少弯头和阀件 ② 检查并清理 ③ 调整间隙 ④ 提高转速至额定值
3	密封装置泄漏过多	① 机械密封装置中静环与动环发生歪斜 ② 水中含有固体杂质 ③ 机械密封装置中弹簧松弛 ④ 橡皮密封圈老化	① 设法消除，并用颜料检查或更换 ② 装上过滤器 ③ 更换弹簧 ④ 更换橡皮密封圈

第七节　喷　射　泵

一、喷射泵的工作原理

喷射泵吸、排液体时，分引射、混合和扩压三个过程。具有一定压力的工作介质水，通过喷嘴高速喷出，将水的压力能变为动能，形成高速射流；高速射流卷带被引射流体并与之在混合室进行动量交换；在扩压室的扩张段内，混合射流的动能转变为压力能，速度降低压力升高，流体的动能转变为压力能而向外排出，完成抽吸和排出液体的过程。

二、喷射泵的性能特点

① 喷射泵结构十分简单，重量轻、体积小。②泵内无任何运动部件，

工作时无噪声。③能输送水、气等各种流体及如鱼、煤粉等固体物质。④吸入性能好。⑤效率低，一般为 15%～30%。此外，喷射泵工作时，必须要有一定压力的工作流体作为动力源。

三、喷射泵的结构

　　喷射泵由喷嘴和泵体两部分组成，如图 1-21 所示。喷嘴是一个断面逐渐收缩的圆锥管。泵的本体由吸入室、混合室和扩压室三部分组成。吸入室的接管通至抽吸液面。混合室通常为圆柱形，泵的扬程较低时也采取收缩

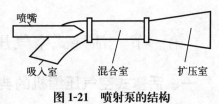

图 1-21　喷射泵的结构

形（圆锥形）或圆锥—圆柱混合形。扩压室是一段截面积逐渐扩大的圆锥管，扩散角为 6°～8°。扩压室的出口与泵的排出管路相连。

四、喷射泵的日常管理

　　① 保持工作流体的压力，压力下降，流量急剧减少；压力增大，流量增大到临界点，效率急剧下降。②防止排出管阻塞和止回阀卡死等可能导致排出压力升高的情况。③防止吸入阀未开足，防止吸入压力过小。④注意保证喷嘴、混合室和扩压管三者的同心度，特别是喷嘴与混合室的同心度更应严格保证。⑤注意喷嘴是泵的主要部件，在磨损后，将使压头和排量降低，必要时应予换新。⑥混合室与吸入室之间装有调整垫片，用来调整喷嘴出口端至喉管末端的长度的大小。

第二章 活塞式空气压缩机

第一节 活塞式空气压缩机的结构和自动控制

一、活塞式空气压缩机的典型结构

空气压缩机是用来压缩空气并使之具有较高压力的机械。在渔船上压缩空气主要用于柴油机的启动、换向，同时也为需要压缩空气的辅助机械设备（如压力水柜等）供气，或在检修工作中用来吹洗零部件、滤器等。

空压机种类很多。按气缸布置形式分类：立式、卧式、V型；按压力级数分类：单级、双级、多级；按空气压力不同分类：低压（0.2～1 MPa）、中压（1～10 MPa）、高压（10～100 MPa）。以下是渔船上普遍使用的两种活塞式空压机的结构介绍。

1. 0.34/30B 型空压机

0.34/30B 型空压机（图 2-1）为双缸、二级压缩、风冷式电动空压机，采用甩油环飞溅润滑，转速为 600 r/min，排量为 0.34 m³/min，额定工作压力为 2.942 MPa，轴功率为 3.679kW。

皮带轮 1 兼作飞轮和风扇。左右主轴承旁边各有一个甩油环 11，靠近甩油环的左右曲柄臂上各有一个储油圈 13。空压机运转时，各摩擦面靠甩油环飞溅润滑油所形成的油雾润滑。一级和二级气缸各有一个吸气阀和排气阀。空压机只有中间冷却器，没有压后冷却器。中间冷却器由三根 V 形管组成，在管子的外表面有很多均匀分布的鳍片。

一级气缸排气阀的上部有一个手动释载阀（图上未画出），若自动启动释载装置损坏时，则提起该阀上的钢圈，并转动 90°，即可降低空压机的启动负荷。空压机启动后，再提钢圈，反转 90°，释载阀复原，空压机即开始正常工作。

在二级排出管路上还装有一个安全阀 3，其开启压力为 3.24 MPa。

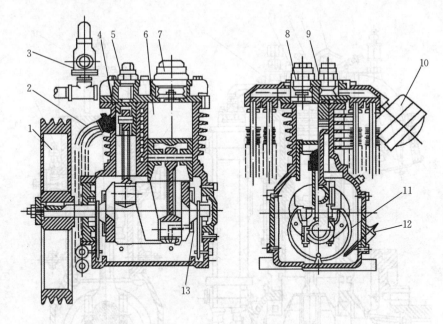

图 2-1 0.34/30B 型空压机

1. 飞轮 2. 中间冷却器 3. 二级安全阀 4. 二级气缸 5. 二级排气阀 6. 一级气缸
7. 一级吸气阀 8. 一级排气阀 9. 二级吸气阀 10. 空气滤清器 11. 甩油环 12. 油尺 13. 储油圈

2. CZ 型空压机

CZ 型空压机常用的有 CZ 20/30 型和 CZ 60/30 型，两者结构基本相同，只是 CZ 20/30 型空压机采用空冷球面碟形阀；CZ 60/30 型空压机采用水冷单环和双环的环片阀。

CZ 型船用空压机，转速为 750 r/min，额定排压一级为 0.64 MPa，二级为 3 MPa，额定流量 CZ 20/30 型为 20 m^3/h，CZ 60/30 型为 60 m^3/h。图 2-2所示为 CZ 60/30 型空压机。

该型空压机为立式、二级压缩、单列双作用、级差式筒状活塞、封闭型飞溅式润滑、水冷式电动空压机。

空气经滤清器，以保持空压机内部清洁并可降低噪声，通过吸气阀 2 被吸入一级气缸。经压缩后由排气阀 5 排出，至中间冷却器冷却后，再经吸气阀 7 进入二级气缸，经两级压缩后通过排气阀 15 排出至后冷却器，经过冷却降温后流至气液分离器 10。从气液分离器出来的具有一定压力的洁净的压缩空气送往贮气瓶以备使用。

电动机通过弹性联轴器带动兼作飞轮的单拐曲轴 12 旋转，经连杆、活

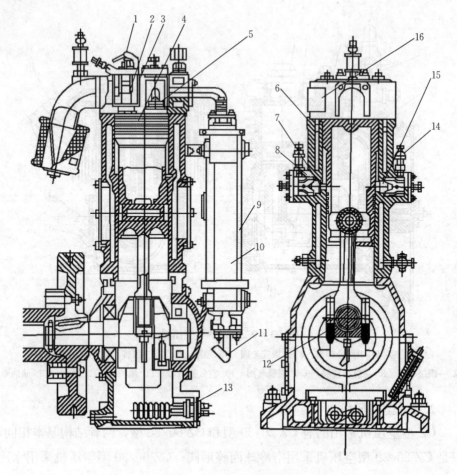

图 2-2　CZ 60/30 型空压机

1. 卸载阀　2. 一级吸气阀　3. 气缸盖　4. 活塞与连杆　5. 一级排气阀　6. 气缸与曲轴箱

7. 二级吸气阀　8. 一级安全阀　9. 冷却器　10. 气液分离器　11. 管系　12. 曲轴与飞轮

13. 润滑油冷却器　14. 二级安全阀　15. 二级排气阀　16. 铭牌

塞销带动活塞在气缸内上下往复运动。气缸及铝合金铸造的活塞都分成直径上大下小的两段，活塞顶部以上为第一级气缸的工作空间，活塞的过渡锥面以下环形空间为第二级气缸的工作空间，这种形式称为级差式。活塞上段有6 道活塞环，下段有 6 道活塞环和一道刮油环。在活塞下部以全浮式活塞销与连杆小端轴套相连。第一级吸排气阀装在气缸盖 3 上，安全阀设在第二级吸入口处，开启压力为 0.7 MPa。第二级吸排气阀分别装于气缸中部的左、右阀室内，安全阀装在该级排气阀室出口处，开启压力为 3.3 MPa。

　　气缸与曲轴箱之间的垫片厚度可影响两级工作空间的余隙容积，气缸与气缸盖间的垫片厚度可影响第一级工作空间的余隙容积，活塞在上止点时与缸盖间隙应保持在 $0.57\sim1.0\,\mathrm{mm}$。

二、活塞式空气压缩机的主要部件

1. 气阀

气阀是压缩机重要而易损坏的部件，直接影响压缩机的经济性和可靠性。气阀的工作寿命决定压缩机的检修周期。而气阀阀片的升程对压缩机的经济性及寿命有重要的影响。因此，阀片升程由说明书规定、升程限制器来限定，一般在 $2\sim4\,\mathrm{mm}$，转速高及工作压力大的则升程较小。船用空压机常用气阀主要有环片阀、网状阀和碟形阀，如图 2-3 所示。

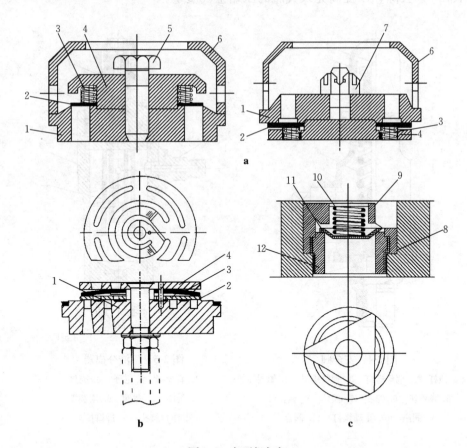

图 2-3　空压机气阀

a. 环片阀（左为排气阀，右为吸气阀）　b. 网状阀　c. 球面碟形图

1. 阀座　2. 阀片　3. 弹簧　4. 升程限制器　5. 螺钉　6. 阀罩　7. 螺母

8. 垫片　9. 升程限制器　10. 弹簧　11. 碟状阀片　12. 阀座

2. 安全阀

为防止空压机超压发生机损事故，一般空压机各级均设置安全阀（图2-4）。当空压机排气压力超过调定值时，阀盘升起，高压气体排向大气；空压机排压降至低于调定值时，阀盘关闭，空压机恢复向气瓶供气。阀开启压力值出厂时已调好，不可随意更改。一般规定，低压级安全阀开启压力比额定压力高15%，高压级安全阀开启压力比额定压力高10%。

3. 气液分离器

压缩空气带有少量油滴，冷却后往往会析出水分，因此需设气液分离器（图2-5）去除，以提高充入气瓶的压缩空气质量。

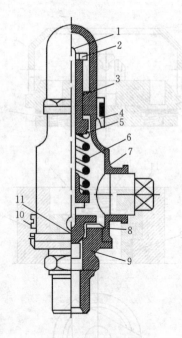

图 2-4　安全阀

1. 顶杆　2. 调整螺钉　3. 锁紧螺母　4. 铅封
5. 弹簧座　6. 弹簧　7. 阀体　8. 调整环
9. 阀座　10. 止动螺钉　11. 阀盘

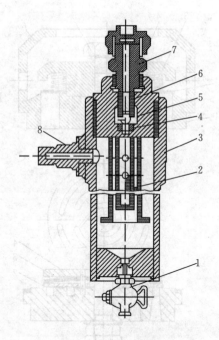

图 2-5　气液分离器

1. 泄放阀　2. 芯子　3. 壳体
4. 阀座　5. 球阀　6. 限制器
7. 出口接头　8. 进口接头

图2-5所示为一种撞击式油水分离器。当被冷却后的压缩空气从进口接头8进入壳体3内时，容积突然增大，流速突然降低，为空气与油滴和水滴的分离提供了较充裕的时间。随后气流由于流向的改变和多次转折而撞击芯

子 2 的壁面，油滴和水滴即沾在壁面上，并在重力作用下下流而积聚于壳体 3 的下部空间。分离后的压缩空气则经限制器 6 和出口接头 7 充入下一级气缸或储气瓶。为了提高油水分离器分离油和水的效果，空压机运行中，应定期开启泄放阀 1 排污。

球阀 5 是止回阀，防止压缩空气倒流。

三、活塞式空气压缩机的润滑和冷却

1. 润滑

空压机润滑目的在于减小相对运动部件的摩擦，带走部分摩擦热，增加气缸壁和活塞环间的气密性。主要润滑部位包括主轴承，连杆大、小端轴承及活塞与气缸壁之间。

小型空压机采用飞溅润滑，利用装于连杆大端下部轴瓦上的油勺，击溅起曲轴箱中的滑油，可润滑主轴承和气缸下部工作面，而部分油沿油勺小孔和连杆大、小端的导油孔，可去润滑连杆大、小端轴承。曲轴在下止点时，油勺应浸入油中 20～30 mm，离箱底 2～3 mm。曲轴箱油位应控制在油标尺两刻线间。油位过低，溅油量不足；油位过高，则溅油量过大，耗油、耗功多。过多的滑油窜入气缸会产生结焦，使气阀、涨圈失灵，排气携油过多还会使气道中积炭过多。

一级气缸与活塞之间的润滑有以下几种方式：

(1) 滴油杯式　由设在吸气口处的滴油杯以每分钟 4～6 滴的速度将滑油滴入，由吸气带入气缸。此方式耗油量较大，大部分滑油以油雾的形式被排气带走，在气液分离器中分离出来。

(2) 油雾吸入式　通过一根与曲轴箱相通的细管吸入部分油雾润滑一级气缸。

(3) 气缸注油式　用气缸注油器将滑油均匀送到缸壁的注油点，能得到满意的润滑效果，并可减少滑油消耗。

2. 冷却

冷却对空压机十分重要。船用空压机多数采用水冷和风冷。冷却水可采用海水或淡水。海水腐蚀性强，容易污染冷却水腔，现已较少采用。淡水冷却腐蚀轻，维护管理方便，进口水温一般为 36～45 ℃。可自设淡水冷却系统，由空压机自带淡水泵；也可来自中央冷却系统，则空压机不必带水泵。

空压机的冷却系统主要包括以下几部分：

（1）级间冷却　级间冷却效果越好，降低排气温度和减少功耗的效果越显著，故总是让冷却水（或风）先通过级间冷却器。

（2）后冷却　最后一级排气流经后冷却器是为了减小最后排气的比容，提高气瓶储气量，减轻其气压降低程度，并使排气中的油和水蒸气冷凝而便于分离。

（3）气缸冷却　空压机工作温度较高，气缸和缸盖都需要冷却，以利于减少压缩功，降低排气温度及避免滑油温度过高。然而过度冷却会使缸壁温度过低，湿空气会在缸壁结露，可能造成水击。通常气缸冷却水温不宜低于30 ℃，多串联于级间冷却器和后冷却器之后。

（4）滑油冷却　使滑油保持良好的润滑和气密作用，又有助于带走摩擦面产生的热量，并能减缓油氧化变质的速度。

四、活塞式空气压缩机的自动控制

渔船空压机现大多实现自动控制，只有在应急和检修试车时才用手动控制。全自动控制的空压机应满足以下基本要求：

1. 自动开机和停机

通常由装在气瓶进气管上的压力继电器控制。每台空压机各由一个压力继电器控制，其接通和切断值都相差一定值。例如，一台常用空压机2.45 MPa启动，2.94 MPa 停车；另一台备用空压机则 2.35 MPa 启动，2.84 MPa 停车。当前者单独工作不足以维持气瓶压力，气压降至 2.35 MPa时，另一台备用空压机启动加入工作。

2. 自动卸荷和泄放

启动时常用卸载电磁阀控制压缩空气使第一级吸气阀常开，实现卸载启动或停止时将一级气缸内的压缩空气通过泄放电磁阀打开与大气沟通，释放气缸内压力。

3. 自动保护和报警

通常设有下列自动保护：①电机过载和电源缺相保护：用热继电器实现。②过电流保护：用空气开关、熔断器或过电流继电器实现。③滑油低压保护：当滑油压力低于调定值时，油压继电器即断电停机。由于启动时滑油泵建立油压需一定时间，因此需要时间继电器使低油压保护动作延时。④排气高温保护：空压机后冷却器出口应备有小型易熔塞，或设报警装置，当空气温度超过 121 ℃时应发出报警（应急空压机除外）。有的机型代以冷却水高温保护，当冷却水温超过设定值时，温度继电器动作使压缩机停机。

第二节　活塞式空气压缩机的管理

一、活塞式空气压缩机的维护

1. 气阀的维护

（1）气阀漏泄的征兆　①该阀的温度异常升高，阀盖比通常烫手。②级间气压偏高（后级气阀漏）或偏低（前级气阀漏）。③排气量降低。④该缸的排气温度升高。

（2）检修气阀时的注意事项　①组装好的气阀用煤油试漏，允许有滴漏，但每分钟滴漏不得超过 20 滴。不合格者应研磨或换新。②吸排阀弹簧不能换错或漏装。③检查阀片升程，应符合说明书要求。④紫铜垫圈在安装前应加热退火。

2. 润滑油的选择和更换

空压机润滑油应选择专用的压缩机油。在缺乏压缩机油时也可用柴油机机油。定期检查曲轴箱内滑油，发现脏污变质时应全部更换。

3. 运动部件间隙维护

要注意运动部件各个配合间隙，要定期测量如活塞环间隙、主轴承和连杆轴承间隙、活塞与缸壁间隙及气缸余隙等。还要测量气缸、活塞销、曲柄销和曲轴轴颈的圆度、圆柱度和磨损情况。当超过允许的极限值时，应修理或换新。

二、活塞式空气压缩机的运行管理

1. 启动

① 一般性检查。仪表和装置是否正常、牢靠，手动盘车 1～2 转，有无卡阻。

② 检查曲轴箱油位。油位应保持在油尺的规定刻度内。采用油勺飞溅润滑时，以曲轴下止点油勺浸入油中 20～30 mm 为宜，油勺应离底 2～3 mm。低压缸如采用滴油润滑，应注意使油杯油位不低于 1/3，并调节滴油量保持每分钟 4～6 滴。

③ 供给冷却水。打开冷却水系统各阀，检查有否为冷却水及水压是否正常。

④ 全开通往贮气瓶管路上的截止阀。

⑤ 非自动控制的压缩机，应开启手动卸载阀或气液分离器底部的泄放阀，以减轻空压机的启动负荷。

⑥ 启动压缩机。注意观察启动电流和听声音，如负荷过大或声音异常应立即停车检查。

⑦ 一切正常后，非自动控制压缩机应手动停止卸载工作。

2. 运行中管理

① 注意查看曲轴箱内滑油的油位和油温。采用飞溅润滑，曲轴箱油位应严格控制在油标尺两刻线间。油位过低，润滑量不足；油位过高，使飞溅量过大，耗油耗功，过多的油量窜入气缸产生结焦，使空气质量下降。如采用压力润滑，还应注意油压应不低于 0.1 MPa。用水冷却的空压机滑油温度应不超过 70 ℃，风冷的应不超过 80 ℃。

② 注意冷却水的温度。冷却水进水压力应足够，一般在 0.07～0.3 MPa 范围内，冷却水进出口温升一般是 10～15 ℃。发现压缩机在工作中已经断水，必须立即停车，待自然冷却后再检查有否造成损害，切忌在气缸很热时突然通入冷却水，以免"炸缸"。风冷空压机要防止风扇叶轮装反。

③ 定时泄水。工作中每隔 2 h 左右打开一次级间冷却器后面的泄放阀和气液分离器的泄放阀。放出来的水应只有在水面有油渍而沾在手上无油腻感，否则表明带出的滑油过多。空气瓶也应定时泄水。

④ 注意检查各级排温。如排气温度过高应查明原因，排除故障。

此外，还应定时巡查空压机各处是否有气、水、油的漏泄，各气阀盖处温度是否有异常，以及是否有异常噪声等。

3. 停车

① 停车时非自动控制压缩机应先手动卸载。

② 切断电源，停电动机。

③ 关闭冷却水截止阀和滴油杯的油量调节阀。

三、活塞式空气压缩机的常见故障及排除方法

活塞式空气压缩机的常见故障及排除方法详见表 2-1～表 2-3。

表 2-1 机械故障

序号	故 障	原 因	排除方法
1	连杆螺栓拉断	① 装配时螺母拧得太紧,连杆螺栓承受过大的预紧力而被拉断 ② 紧固时产生偏斜,连杆螺栓因承受不均匀的载荷而被拉断 ③ 连杆螺母松动,连杆螺栓因承受过大的冲击而被拉断 ④ 连杆轴承过热、活塞卡住或超负荷运转,连杆螺栓因受过大的应力而被拉断	① 松紧应合适,一般连杆螺栓紧好后,连杆大头应有不超过 1 mm 的轴向位移 ② 连杆螺母的端面与连杆大头的接触面应平整,配合紧密 ③ 连杆螺栓装好后,必须穿上开口销,以免螺母松动 ④ 检查轴承过热和活塞卡住的原因,空压机尽量不要超负荷运转
2	活塞卡住或咬死	① 润滑油已变质或润滑不良,使活塞在气缸中的摩擦加大而卡住 ② 冷却水供应不均匀,时多时少,或在气缸过热以后进行强烈冷却而引起气缸急剧收缩,因而使活塞咬住 ③ 曲轴连杆机构偏斜,使活塞运动时摩擦加大而卡住 ④ 气缸与活塞的装配间隙过小,或气缸中掉入金属碎块或其他污物	① 更换滑油,检查润滑不良的原因 ② 消除冷却水供应不均匀的原因,禁止对过热的气缸进行强烈冷却 ③ 校正曲轴连杆机构的垂直度 ④ 调整装配间隙或从气缸中取出掉入物
3	轴承发热	① 轴颈与轴瓦配合不均匀或接触面小,单位面积上的压力大 ② 轴承偏斜或曲轴弯曲 ③ 润滑不良或滑油变质	① 重新拂刮轴瓦,使其接触面积的大小和均匀度符合要求 ② 适当调整其配合间隙 ③ 检查润滑系统的工作情况或更换滑油
4	气缸与缸盖发热	① 冷却水供应不足 ② 冷却水管路堵塞,使供水中断,或飞轮装反,风向不对 ③ 气阀的工作不正常,造成各缸的负荷重新分配。负荷增大的缸,气缸和缸盖的温度升高	① 适当加大冷却水的供应量 ② 检查并疏通,或改变飞轮的安装方向 ③ 检查并排除气阀工作不正常的原因
5	不正常的撞击声	① 连杆大头松弛 ② 连杆小头松弛 ③ 轴承间隙过大或轴颈磨损失圆	① 检查松弛的原因,并紧好连杆螺母 ② 更换轴承 ③ 调整间隙或修理曲轴

（续）

序号	故障	原因	排除方法
6	突然冲击	① 气缸中积聚水分，产生"水击" ② 阀片折断或吸气阀并紧螺母松脱	① 检查原因并排除，修复损伤部分 ② 取出掉入物，并修复损伤部分，注意装上气阀并紧螺母的开口销
7	气缸的敲击声	① 活塞或活塞环磨损 ② 活塞或活塞环卡住 ③ 气缸或气缸套磨损 ④ 曲柄连杆机构与气缸中心线不一致 ⑤ 余隙容积过小	① 修理或更换 ② 改善润滑条件，加强润滑和冷却水的供应量，调整其配合间隙 ③ 镗缸或更换缸套 ④ 检查并调整其相互之间的同心度 ⑤ 增加气缸垫床的厚度
8	吸、排气阀的敲击声	① 气阀定位螺钉未到位，气阀受到气流的冲击上、下跳动 ② 阀片折断 ③ 弹簧松软或失去作用 ④ 阀座深入气缸与活塞相碰	① 松开并紧螺母，旋紧气阀定位螺钉 ② 更换 ③ 更换 ④ 用加垫的方法使阀座升高

表 2-2 排气量降低

序号	故障	原因	排除方法
1	空气滤清器的故障	空气滤清器因部分被污垢堵塞，阻力增大，降低了进气压力，进入气缸的空气比容增大，影响排气量	吹扫和清洗滤清器
2	气阀的故障	① 阀片变形或阀片与阀座磨损，或阀片和阀座接触面有污物，造成阀关闭不严而漏气 ② 阀座与阀孔结合面不严密或忘记垫片而造成漏气 ③ 气阀的弹簧刚性不当，过强则气阀开启迟缓；过弱则关闭不及时，均会影响排气量 ④ 气阀的通道被炭渣部分堵塞	① 清除污物，研磨阀片和阀座或更换阀片 ② 研磨阀座与阀孔的接触面或把垫片垫上 ③ 更换弹力适当的弹簧 ④ 清除

（续）

序号	故　障	原　因	排除方法
3	气缸和活塞的故障	① 气缸或活塞、活塞环磨损，间隙过大，漏气严重 ② 气缸盖与气缸体贴合不严，造成漏气 ③ 气缸冷却不良，新鲜空气进入时，形成预热，空气比容增大影响排量 ④ 活塞环因装配间隙过小或润滑不良而咬死或折断，这不但影响排气量，还可能引起压力在各级中重新分配 ⑤ 活塞环的搭口转到一条线上去了，漏气严重 ⑥ 传动皮带过松、皮带打滑，空压机达不到额定转速 ⑦ 余隙容积过大	① 更换缸套或活塞、活塞环 ② 刮研接合面或更换垫床 ③ 改善冷却条件 ④ 拆出活塞，清洗活塞环和环槽，调整装配间隙，消除润滑不良的因素 ⑤ 拆下活塞，使搭口错开（一般错开120°） ⑥ 调整皮带的松紧度 ⑦ 检查并调整余隙容积
4	中间冷却器故障	① 冷却水量过小，次级进气温度升高 ② 热交换面沾有油污或结水垢，次级进气温度升高	① 加大冷却水量 ② 清洁中间冷却器热交换面

表 2-3　排气压力和温度不正常及其他故障

序号	故　障	原　因	排除方法
1	高压级排出压力高于额定值	安全阀失灵	检查安全阀
2	低压级排出压力偏高	高压缸的进气阀或排气阀漏气，或中间冷却器冷却效果差	研磨气阀或更换阀片，或改善中冷器的冷却条件
3	低压排出压力偏低	低压缸的进气阀或排气阀漏气	研磨气阀或更换阀片
4	高压排气温度过高	高压缸的排气阀漏气	研磨或更换阀片
5	低压缸的排气温度过高	低压缸的排气阀漏气	研磨或更换阀片
6	滑油消耗量过大，储气瓶中有过量的润滑油	① 曲轴箱的油面过高 ② 活塞环磨损，咬死，折断或搭口转到一边去了	① 放去多余的油 ② 更换活塞环或错开活塞环的搭口

第三章　渔船制冷装置

第一节　蒸气压缩式制冷循环的
基本原理和组成

　　制冷就是从某一物体或空间吸取热量，并将其转移给周围环境介质，使该物体或空间维持低于环境温度的某一相对低温。这一热量转移过程称为制冷过程。在单位时间内从某一物体或空间吸取的热量称为制冷量。制冷工程中，将用来完成制冷过程的设备称为制冷机，或称制冷装置。

　　在制冷装置中，参与热力过程，不断产生相态变化，并实现能量转换和热量转移的工作物质，称为制冷剂。在间接制冷装置中循环，借助其本身热容量来传递和转移热量的工质，则称为载冷剂。

　　制冷机在远洋渔船上的应用相当普遍，如渔获物冷藏运输及船员伙食冷藏、舱室空气调节、渔品冷藏和加工等。

　　蒸气压缩式制冷循环的基本原理及组成：

　　液态工质的基本热力特性之一是：在气化时吸收热量，在液化时又放出热量。制冷剂在制冷系统内连续不断、反复地发生相态变化，并转移热量，从而实现制冷。蒸气压缩式制冷机主要由压缩机、冷凝器、膨胀阀（又称节流阀）和蒸发器四个主要部件组成。它们通过一定的管路连接，组成一个封闭系统，如图3-1所示。制冷剂在系统内相继经过压缩、冷凝、节流和蒸发四个过程完成制冷循环，完成热量转移，实现制冷。

　　高压液体制冷剂流过膨胀

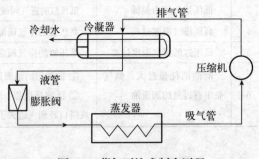

图 3-1　蒸气压缩式制冷原理

阀时发生节流，随后流入蒸发器，在低压条件下气化吸热；低压气态制冷剂经吸气管被压缩机吸入，压缩机对气态制冷剂进行压缩，消耗机械功，将变成高温高压的制冷剂过热蒸气送入冷凝器；高温高压制冷剂过热蒸气在冷凝器中放出热量，同时凝结成高压液体。制冷剂如此经过节流、蒸发、压缩、冷凝四个过程，从被冷却物质吸收热量，消耗机械功，完成一个制冷循环。

蒸发器和冷凝器的作用是完成热量交换和传递；膨胀阀的作用是对制冷剂节流降压，为制冷剂气化创造条件；压缩机的作用是对制冷剂进行压缩，消耗机械功作为补偿，为制冷剂液化创造条件。

第二节　蒸气压缩式制冷装置的设备组成

蒸气压缩式制冷机的设备组成包括压缩机、冷凝器、蒸发器和分油器、贮液器、干燥过滤器等辅助设备及自动控制和自动保护元件。

一、压缩机

制冷压缩机有往复式（图3-2）、螺杆式（图3-3和图3-4）等类型。压缩机起着压缩和输送制冷剂蒸气并造成蒸发器中的低压力、冷凝器中的高压力的作用，是制冷系统的心脏部件，它由电动机带动，吸入蒸发器排出的低压制冷剂蒸气，将其压缩成为高温高压的蒸气后排入冷凝器中。

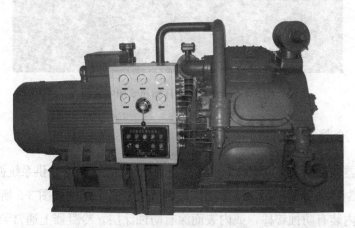

图3-2　往复式制冷压缩机

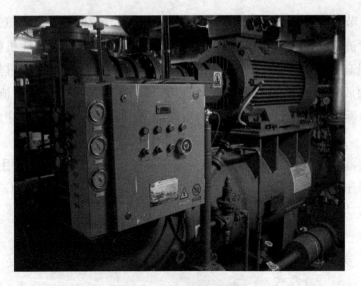

图 3-3 螺杆式制冷压缩机

图 3-4 螺杆式制冷压缩机实船安装图

二、冷凝器

冷凝器的功用是将压缩机排出的气态制冷剂冷凝成液态，供系统循环使用。

渔船制冷装置的冷凝器几乎都采用卧式壳管式，结构如图 3-5 所示。两侧的端盖 2 内装有防蚀锌棒，或内表面涂有防蚀涂层。冷凝器上通常装有：

（1）安全阀 它装在冷凝器顶部（与接头 10 相接）。

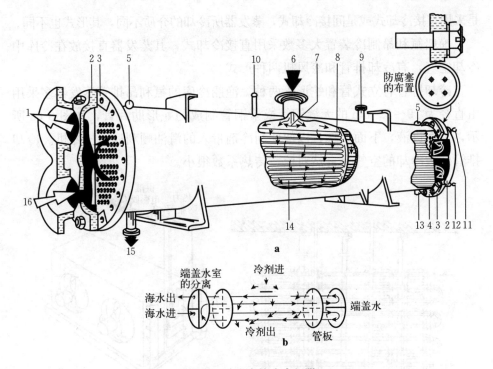

图 3-5　卧式壳管式冷凝器

a. 冷凝器结构示意图　b. 水在冷凝器中的流程示意图

1. 冷却水出口　2. 端盖　3. 垫片　4. 管板　5. 放气阀接头　6. 气态制冷剂进口
7. 挡气板　8. 管架　9. 平衡管接头　10. 安全阀接头　11. 水室放气旋塞
12. 水室泄水旋塞　13. 泄放阀接头　14. 冷却管　15. 液态制冷剂出口　16. 冷却水进口

（2）**放气阀**　它装在冷凝器顶部两端处（与接头 5 相接），用来泄放不凝性气体。

（3）**平衡管**　它从冷凝器的顶部（接头 9 处）引出，与后面的贮液器相通，使彼此压力平衡，便于冷凝器中的液体流入贮液器。如连接两者的管路短而粗，也可省去平衡管。

（4）**水室放气旋塞 11 和放水旋塞 12**　它们装在无外接水管的端盖的最高处及最低处，前者用来泄放水腔的空气，防止形成气囊，妨碍传热；后者用来在检修前放空存水，或冬季停用时放水防冻。

此外，冷凝器兼作贮液器使用时，在下部还装有液位镜或液位计。

三、蒸发器

蒸发器的功用是让制冷剂在其中汽化，从被冷却的介质中吸热。根据制冷是采用直接冷却式或是间接冷却式，蒸发器所冷却的介质不同，其形式也不同。

渔船氟利昂制冷装置大多数采用直接冷却式，其蒸发器直接放在冷库中冷却空气，有冷却排管和冷风机两种形式。

冷却排管有立式管和蛇形管两种。渔船冷库的氟利昂排管蒸发器多采用由直径为 19～22 mm 的无缝钢管或紫铜管制成的蛇形肋片管，如图 3-6a 所示，上面进液，下面回气，以便使制冷剂带入的滑油顺利返回压缩机。冷却排管外被冷却的空气是自然对流，传热系数很小。

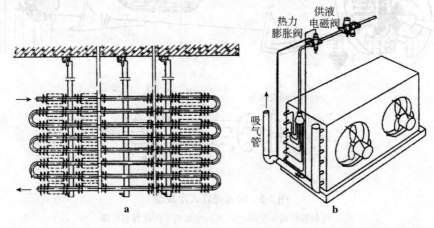

图 3-6 冷却空气的蒸发器
a. 冷却排管　b. 冷风机

冷风机如图 3-6b 所示。经供液电磁阀和热力膨胀阀供入氟利昂冷风机的制冷剂湿蒸气先进入垂直安装的分液器，然后均匀进入许多分液管——并联的蛇形肋片铜管。管外风速为 2～3 m/s。

冷风机传热系数是冷却排管的 4～6 倍，故尺寸紧凑、节省管材、充制冷剂量少，安装方便，可采用便于自动控制的电热融霜，而且能使库内的空气循环好，温、湿度和气体成分均匀。

四、分油器

分油器装在压缩机排出端与冷凝器间，其作用是将压缩机排气中带出的润滑油分离出来，并及时送回压缩机，这样制冷剂气体就以最少的含油量进入冷凝器。

分油器按工作原理，有重力式（改变流速、流向）、过滤式（滤网、填料）、离心式和洗涤式等类型。一般组合使用较多。图 3-7 所示是重力—过滤式和重力—离心式两种常用分油器。

氨制冷装置多采用图 3-8 所示洗涤式分油器。

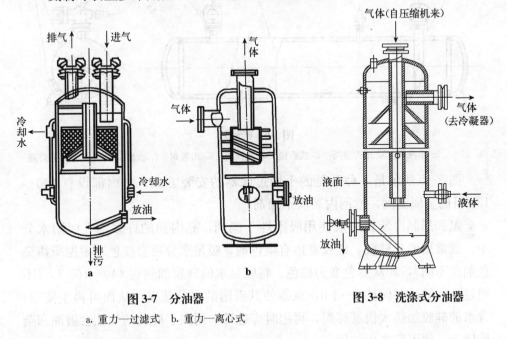

图 3-7　分油器

a. 重力—过滤式　b. 重力—离心式

图 3-8　洗涤式分油器

五、贮液器

贮液器是装在冷凝器后用来储存液态制冷剂的容器。其作用是：在制冷系统中储备一些制冷剂；装置检修或长期停用时收存系统中的制冷剂，减少漏失。小型装置可不设贮液器而以冷凝器兼之。

图 3-9 示出一种贮液器的结构，其进液管 5 不长，不设平衡管。有的船用贮液器底部做成"存液井"，让出液管 2 插入其中，以便船摇晃时能更好地保持"液封"。壳体上、下设有观察镜 4，用手电筒从下镜照射可由上镜观察液位。在壳体下侧装有易熔塞 9。

贮液器应有足够的容积，以保证系统中全部制冷剂贮入后不超过其容积的80%。贮液器不允许完全充满液体，否则当温度升高时会有压力过高的危险。

六、干燥过滤器

氟利昂制冷系统中均应装设干燥器，其布置应使其能旁通并关断，以便在拆开时不妨碍系统的运行。现在通常将干燥器和过滤器做成一体装在贮液器出口和膨胀阀进口之间的液管上。

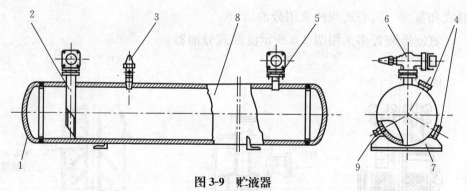

图 3-9　贮液器

1. 封头　2. 出液管　3. 压力表阀　4. 观察镜　5. 进液管　6. 出液阀　7. 支座　8. 壳体　9. 易熔塞

图 3-10 所示是一种常见的干燥过滤器的安装方式。它内部设有 100～120 目的金属滤网，滤网内装满干燥剂。

氟利昂制冷装置一般使用吸附性干燥剂，靠内部的许多细孔吸附水分子。最常用的是硅胶，硅胶常掺有染色剂，吸足水分后会变色（根据所掺染色剂而不同），如从蓝色变为棕色。将吸足水的硅胶加热到 140～160 ℃（不超过 200 ℃）并保持 3～4 h，就能使其吸附的水分蒸发，从而可再生使用。含水的硅胶加热太快易碎裂，再用时应过筛。用久了硅胶的细孔会被油和杂质堵塞，便不宜再生使用。

七、回热器

回热器又称气液热交换器，它装于膨胀阀前的液体管路上，实物外形如图 3-11 所示。外壳为用钢板焊接的圆筒形容器，上端有进出气管接头及进出

图 3-10　干燥过滤器

图 3-11　回热器

液管接头，内为蛇形盘管。冷剂液体从蛇形盘管流过时，被从蒸发器出来的盘管外流过的蒸气所冷却。结果，冷剂液体的过冷度增大了，提高了单位质量冷剂的制冷量；吸入压缩机的冷剂蒸气过热度提高了，有利于防止"液击"。

八、制冷装置的自动控制元件

1. 热力膨胀阀

热力膨胀阀的功用是除了对冷剂起节流降压作用外，还能根据蒸发器出口处冷剂气体过热度的大小，自动调节供入蒸发器的制冷剂流量。热力膨胀阀分为内平衡式（图 3-12）和外平衡式（图 3-13）。

（1）内平衡式

适用：压降低、蒸发器流程短及阻力小的制冷设备。

原理：利用蒸发压力、感温包内压力和弹簧力的变化来控制阀孔开启度。

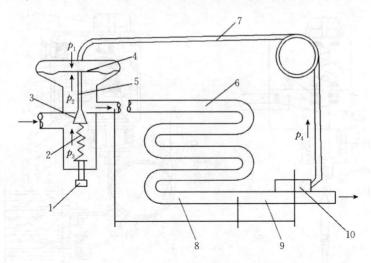

图 3-12　内平衡式热力膨胀阀的调节原理

1. 调节螺钉　2. 弹簧　3. 针阀　4. 膜片　5. 推杆　6. 蒸发器
7. 毛细管　8. 湿蒸气部分　9. 过热蒸气部分　10. 感温包

（2）外平衡式

适用：蒸发器压力损失较大的系统。

2. 温度继电器

温度继电器是一种被用来控制冷库温度并使其稳定在某一范围的电开关，从而实现对库温双位式控制。即温度达下限时停止制冷，待库温升到上限时再开始制冷。图 3-14 所示为一种常用的 RT 型温度继电器。

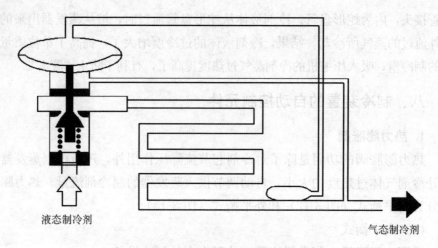

液态制冷剂

气态制冷剂

图 3-13　外平衡式热力膨胀阀原理示意图

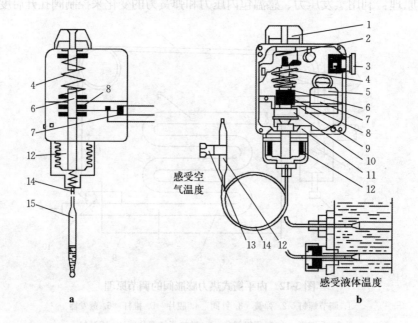

感受空气温度

感受液体温度

a

b

图 3-14　RT 型温度继电器

a、b. 同一个继电器的两种简易画法

1. 主调旋钮　2. 温度范围标牌　3. 进线孔　4. 主调弹簧　5. 接线柱

6. 主心轴　7. 微动开关　8. 导向柱　9. 开关臂　10. 幅差螺母

11. 地线接线柱　12. 波纹管　13. 温包支架　14. 毛细管　15. 温包

　　继电器中有一根能上下移动的主心轴 6，波纹管 12 从下端顶住主心轴，

与上方主调弹簧向下作用的张力平衡，而中间部分则带有幅差调整螺母 10

和导向柱 8。当主心轴上下移动时，借助于幅差调整螺母和导向柱之间的空隙即可拨动开关臂 9。显然，通过主调旋钮 1 改变主调弹簧 4 的张力即可改变温度继电器的断开温度值（控制温度的下限）；而转动幅差螺母 10，即可调整幅差，从而改变温度继电器的闭合温度（控制温度的上限）。温度继电器安装时，应注意安装处所的环境温度不能低于所控制的温度，温包应置于空气流通的地方或回风道里。同时传压细管不要通过温度比控制温度还低的舱室或走廊，也不要与冷、热管系贴靠在一起，以防压力信号不能正确反映被控处所的温度值。

3. 供液电磁阀

供液电磁阀装在热力膨胀阀前的液管上，根据温度继电器感知库温后送来的电信号启闭，以控制是否向冷库的蒸发器供给液态冷剂。供液电磁阀有直接作用式和间接作用式两种。

4. 压力继电器

压力继电器是根据所感受的压力而启闭的电开关。在制冷装置中，一般都装有高压继电器和低压继电器。

（1）低压继电器　低压继电器作用是能自动控制压缩机启停并进行低压保护。当各库温度先后到达下限时，各蒸发器供液电磁阀均已关闭而停止制冷，压缩机吸气压力必将迅速下降，低压继电器断电实现自动停车；当某个库的库温达上限时，其蒸发器的供液电磁阀开启向蒸发器供液，压缩机的吸气压力上升，低压继电器又接通，重新自动启动压缩机。

图 3-15 所示为一常用的低压继电器。

波纹管 6 与主调弹簧 9 对置在摆动板 3 的上、下两侧，摆动板的左端紧靠在微动开关 1 的按钮 2 上，而其右端则插在限位架 15 的长孔内。限位架的上部由幅差弹簧 14 钩住，并被拉向上。而限位架的下部带有凸钩，当它被支架 16 的上部限制时，限位架应不能再向上移动。

当波纹管感受的吸气压力升高时，波纹管膨胀克服主调弹簧的张力，摆动板逆时针方向偏转，同时放松幅差弹簧。在摆动板右端上移后，由于限位架已被支架钩住，幅差弹簧的影响即行消失。当吸入压力继续升高使摆动板右端又在限位架长孔内上移（ΔS）时，摆动板左端压动微动开关，动触头 a 就会在跳簧片作用下迅速地由触点 b 跳向触点 c，使电路接通，压缩机随之启动；当吸入压力下降时，摆动板在主调弹簧张力作用下顺时针方向偏转，其右端在限位架长孔内自由下移，并在移动一段（ΔS）的距离后抵到长孔的下部边缘。这时如摆动板进一步偏转就要同时克服幅差弹簧的拉力。当吸气压力进一步降低到摆动板右端，克服幅差弹簧拉力下移，动触头 a 就会在跳簧片作用下迅速与 c 点脱开而与 b 点接触，切断电路。

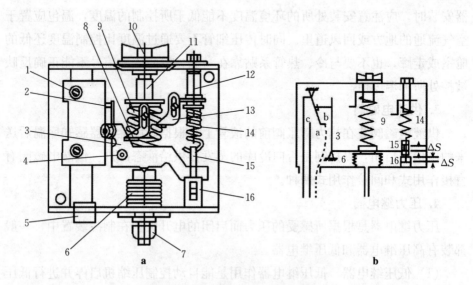

a   b

图 3-15 低压继电器结构和原理

a、b. 同一个继电器的两种简易画法

1. 微动开关 2. 开关按钮 3. 摆动板 4. 支点 5. 进线孔 6. 波纹管
7. 传压接管 8. 调压指针 9. 主调弹簧 10. 调压旋钮 11. 调压螺钉
12. 幅差调节螺钉 13. 幅差指针 14. 幅差弹簧 15. 限位架 16. 支架

低压继电器的低限断开值应低于最低库温所对应的蒸发压力，则每次停车前都能把低温蒸发器回气管路和曲轴箱抽空，防止残留液体在下次启动时冲入压缩机气缸，又能使溶解在滑油中的制冷剂大部分分离出来，避免下次启动时发生"奔油"。同时又可防止压缩机超低压运行而使空气漏入系统。调定时可将低限断开值定为比蒸发温度低 5 ℃所对应的饱和压力，但不得低于 10 kPa；高限接通值比低限断开值高 100～200 kPa（R22 和 R717）。先换算出高限接通值，由主调弹簧决定，再由幅差弹簧间接调定低限断开值。选用低压继电器时应注意继电器的适用控制范围、幅差可调范围、触头容量和允许的环境条件等。

（2）**高压继电器** 高压继电器通常串接在压缩机启动线路中感受排气压力（冷凝压力），排气压力高达调定值高限时，切断压缩机控制电路，实现保护性停车。

高压继电器与低压继电器结构相似，只是波纹管的承压能力较高。如将图 3-15 所示的低压继电器的触点 c、b 调换，则变成高压时断开。另外高压停车是一种安全保护，应在管理人员排除故障手动复位后方能接通，所以不设幅差调节机构而增设断开后锁闭机构。

在制冷装置中使用的低压继电器和高压继电器也可以组合成为一体的高低压继电器，如图 3-16 所示。

它用同一触头既可实现按吸气压力控制自动启停，又可实现高排气压力保护停车。

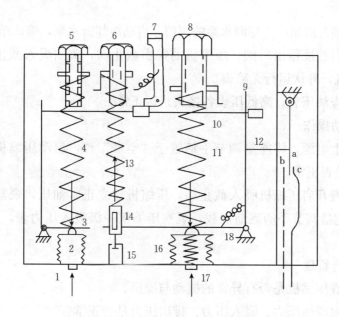

图 3-16　高低压继电器原理简图

1. 高压接管　2. 高压波纹管　3. 高压摆动板　4. 高压调节弹簧　5. 高压调节螺栓

6. 低压幅差调节螺栓　7. 高压复位拨手　8. 低压主调螺栓　9. 压板　10. 拉杆

11. 低压主调弹簧　12. 微动开关　13. 低压幅差弹簧　14. 限位板　15. 支架

16. 低压波纹管　17. 低压接管　18. 低压摆动板　a、b、c. 电触点

5. 油压差继电器

油压差继电器是以油泵排出压力和压缩机吸入压力的压差为信号进行控制的电开关。当压差低于整定值时，它在经过一定延时之后就会自动切断压缩机电路，实现保护性停车。

第三节　蒸气压缩式制冷装置的管理

一、制冷装置的启动、运行管理与停用

我国远洋渔船上普遍使用的制冷装置的启动、运行管理与停用操作程序如下文所述。

1. 启动前的准备工作

① 检查压缩机曲轴箱油位在刻度线之间，油位镜 1/2 左右。

② 检查贮液器中冷剂液位（在全部回收状态下应为 3/4 左右，不超过 80%）。

③ 正确开启制冷冷却海水泵的阀门，启动冷却海水泵，确认循环良好。

④ 开启贮液器出口阀，压缩机的排出截止阀，关闭吸入截止阀，手动盘动压缩机，确认运行无障碍。

⑤ 检查油压表、高低压表各接头是否正常。

2. 启动操作

① 合上电源，将能量调节手柄置于"空载"档，启动压缩机，观察电流表电流是否正常。

② 缓慢开启压缩机吸入截止阀，压缩机建立正常油压，观察油压表正常。转动能量调节手柄逐渐加载，观察压缩机一级吸入压力表，直至开足，防止液击。

3. 运行管理

① 检查压缩机是否有异常的振动与噪声。

② 观察滑油压力、吸入压力、排出压力是否正常。

③ 观察制冷效果是否正常。

④ 观察蒸发器后端（压缩机吸入管）应结薄霜，如是高温库应有结露现象。

⑤ 正常运行时，检查贮液器中冷剂液位应在 1/3～1/2。

4. 停用操作

① 先关闭贮液器出口阀，等压缩机运行至低压停车（必要时短接低压继电器），以回收系统冷剂。

② 关闭压缩机吸、排截止阀。

③ 最后停冷却海水泵，切断电源。

二、制冷装置的常见故障及排除方法

制冷装置的常见故障分析及排除方法见表 3-1。

表 3-1　制冷装置的常见故障分析及排除方法

序号	故　障	产生原因分析	排除方法
1	机组运转噪声大	① 压缩机、电机底脚螺栓松动 ② 连接管路、辅助设备固定不良 ③ 皮带或飞轮松弛	① 紧固 ② 紧固 ③ 皮带张紧，检查螺母、键等
2	压缩机有异常声响	气缸部分： ① 气缸余隙过小 ② 活塞销和连杆小头衬套间隙过大 ③ 吸、排气阀片，弹簧断裂 ④ 组装式吸、排气阀螺母松动 ⑤ 假盖弹簧断裂 ⑥ 气缸与活塞配合间隙过大或过小，造成拉缸、偏磨 ⑦ 压缩机"奔油"，造成液击 ⑧ 吸入液态制冷剂，造成液击 曲轴箱部分： ① 连杆大头轴瓦与曲轴轴颈间间隙过大 ② 主轴颈与主轴承间间隙过大 ③ 连杆螺栓，螺母松动、脱落 ④ 飞轮、电机转子松弛（半封闭、全封闭压缩机） ⑤ 电机转子与定子摩擦，主轴承间隙过大（半封闭、全封闭压缩机）	① 调整余隙或适当加厚垫纸，更换零部件 ② 更换衬套 ③ 停车检查，取出碎片，更换阀片、弹簧 ④ 旋紧或更换螺母，用开口销锁紧 ⑤ 更换 ⑥ 更换零部件，调整配合间隙 ⑦ 更换刮油环，调整各气环搭口位置 ⑧ 调整工况，调整膨胀阀开度，适当调小吸入阀开度 ① 调整间隙，更换轴瓦，适当提高油压 ② 调整间隙，更换轴瓦，适当提高油压 ③ 紧固，更换，并以开口销锁紧 ④ 更换或紧固 ⑤ 更换主轴承
3	压缩机排气压力过高	① 系统混入空气等不凝结气体 ② 冷凝器冷却水泵未开启 ③ 冷凝器水量不足，水温过高 ④ 冷凝器管壁积垢太厚 ⑤ 系统内制冷剂过多 ⑥ 压缩机排气阀未开足，排气管不畅通 ⑦ 贮液器进液阀未开启或未开足	① 排除空气 ② 开启水泵 ③ 增加冷却水量，清洗水管、水阀和滤网 ④ 清洗冷凝器 ⑤ 排出多余制冷剂 ⑥ 开足排气阀，疏通排气管 ⑦ 开启或开足进液阀

（续）

序号	故　障	产生原因分析	排除方法
4	压缩机排气压力过低	① 冷凝器水量过大，水温过低	① 减少水量或采用部分循环
		② 压缩机排气阀漏	② 研磨或更换阀片
		③ 压缩机气缸纸垫打穿，高低压短路	③ 更换纸垫
		④ 系统制冷剂不足	④ 充注制冷剂
		⑤ 吸入压力过低	⑤ 适当提高吸入压力
		⑥ 卸载机构—能量调节失灵，正常制冷时部分气缸卸载	⑥ 调整油压，调整卸载机构
		⑦ 分油器自动回油阀失灵，高低压旁通	⑦ 检修或更换自动回油阀
5	压缩机排气温度过高	① 吸入气体的过热度太大	① 适当调整膨胀阀，减少过热度
		② 压缩机排气阀片泄漏或破损	② 研磨阀片、阀线，更换阀片
		③ 压缩机气缸纸垫打穿	③ 更换纸垫
		④ 气缸冷却水套断水或水量不足	④ 调整冷却水量
6	压缩机吸入压力过高	① 蒸发器热负荷过大，蒸发温度过高	① 调整热负荷
		② 压缩机吸气阀泄漏，阀片断裂	② 研磨阀片、阀线，更换阀片
		③ 活塞环损坏或泄漏	③ 检查，更换
		④ 压缩机气缸纸垫打穿	④ 更换纸垫
		⑤ 膨胀阀开度过大	⑤ 调整开度
		⑥ 膨胀阀感温包位置不对	⑥ 放正感温包，包扎良好
		⑦ 分油器自动回油阀失灵，高低压旁通	⑦ 检修或更换自动回油阀
		⑧ 系统中混入空气等不凝结气体	⑧ 排出空气
7	压缩机吸入压力过低	① 蒸发器热负荷过小	① 调整热负荷，合理选择蒸发器，增加传热面积
		② 膨胀阀开度过小	② 调整膨胀阀开度，清洗膨胀阀进口滤网
		③ 蒸发器进液量太小，被抽空	③ 调整膨胀阀开度，清洗膨胀阀进口滤网
		④ 膨胀阀"冰塞"	④ 系统除水
		⑤ 膨胀阀感温包充剂逃逸	⑤ 更换膨胀阀
		⑥ 供液电磁阀未开启，供液管堵塞	⑥ 检查电磁阀，疏通供液管
		⑦ 贮液器出口阀未开启或未开足	⑦ 开启或开足
		⑧ 系统制冷剂不足	⑧ 适当充注制冷剂
		⑨ 压缩机吸入阀未开足或管子堵塞	⑨ 清洗吸气滤网和阀孔通道，全开吸入阀
		⑩ 蒸发器盘管结垢过厚，集油过多，换热不良	⑩ 清洁管路，冲霜，排液
		⑪ 蒸发器结霜过厚	⑪ 融霜
		⑫ 低压系统堵塞	⑫ 疏通管路
		⑬ 吹风冷却蒸发器风机未启动或倒转	⑬ 启动，使之正转

（续）

序号	故　障	产生原因分析	排除方法
8	润滑油压力过高	① 油压调节阀调整不当 ② 油泵输出端管路不畅通，堵塞	① 重新调整 ② 疏通管路，更换纯净的润滑油
9	润滑油压力过低	① 油压调节阀调整不当 ② 油压调节阀泄漏，弹簧失灵 ③ 润滑油太脏 ④ 油滤网堵塞或损坏 ⑤ 油泵进油管堵塞 ⑥ 油泵间隙过大或油泵失灵 ⑦ 油中溶有制冷剂（油呈泡沫状） ⑧ 滑油质量低劣，变质，黏度过大 ⑨ 各轴承间隙过大，跑油 ⑩ 曲轴箱滑油量不足 ⑪ 油温过低 ⑫ 油压不显示，油压表阀未开，接管堵塞 ⑬ 油泵传动件损坏	① 重新调整 ② 更换阀芯或弹簧 ③ 更换纯净的润滑油 ④ 清洗滤网或更换 ⑤ 疏通进油管 ⑥ 更换或检修油泵 ⑦ 打开油加热器，关小膨胀阀 ⑧ 更换纯净、黏度适当的润滑油 ⑨ 调整间隙，更换轴承 ⑩ 加注润滑油 ⑪ 开启油加热器 ⑫ 检查油压表阀和接管 ⑬ 检查油泵传动件，修复或更换
10	曲轴箱油温过高	① 压缩机各轴承、摩擦部位间隙过小 ② 压缩机排气温度过高，压比过大 ③ 冷冻机舱（室）温度过高，滑油冷却器断水 ④ 分油器"直通"，高压制冷气体进入曲轴箱 ⑤ 压缩机吸气过热度太大	① 调整间隙 ② 调整工况，降低排气温度 ③ 加强舱（室）通风，降温，加大滑油冷却器的水量 ④ 检查自动回油阀 ⑤ 调整工况
11	压缩机耗油量过大	① 分油器回油停止——管堵，阀堵，回油电磁阀未开启 ② 分油器失灵——不分油，不回油，滑油进入系统 ③ 气缸与活塞间隙过大，刮油环刮油不良 ④ 活塞环磨损，搭口间隙过大，搭口在一直线上 ⑤ 活塞环加工尺寸、精度不合要求 ⑥ 轴封不良，漏油 ⑦ 管路安装不合理，回油不良，系统集油	① 疏通管路、阀，检查回油电磁阀 ② 检查或更换分油器 ③ 更换活塞（或气缸），更换刮油环、活塞环，检查刮油环倒角方向（应向上） ④ 检查活塞环搭口间隙，使活塞环搭口叉开布置 ⑤ 检查质量、尺寸 ⑥ 研磨轴封摩擦环，更换轴封 ⑦ 检查管路或进行排油

（续）

序号	故　障	产生原因分析	排除方法
12	曲轴箱滑油呈泡沫状	① 液体制冷剂进入曲轴箱 ② 滑油中混入水分	① 适当关小膨胀阀，打开油加热器 ② 更换滑油
13	卸载机构—能量调节装置失灵	① 能量调节阀弹簧调整不当 ② 能量调节阀油活塞卡死 ③ 调节机构卡死 ④ 油活塞或油环漏油 ⑤ 油管或接头严重漏油 ⑥ 油压过低 ⑦ 卸载油缸进油管堵塞	① 重新调整 ② 拆检 ③ 拆检 ④ 拆检或更换 ⑤ 检修 ⑥ 提高油压 ⑦ 疏通进油管
14	制冷系统堵塞	① 压缩机至冷凝器间堵塞——高压迅速升高 ② 冷凝器至膨胀阀间堵塞——低压迅速下降，抽空堵塞部位后结霜、结露、"发冷" ③ 膨胀阀至压缩机间堵塞——低压迅速抽空，堵塞部位前结霜融化，不结露，也不"发冷" ④ 阀头脱落、裂损，使高压通路堵塞（高压过高） ⑤ 分油器回油管堵塞——油脏 ⑥ 吸气滤网堵塞	① 疏通管路，全开高压排出阀，检查各阀开启度 ② 疏通管路，检查各阀开启度，更换或清洗滤器 ③ 清洗膨胀阀滤网，疏通管路，消除膨胀阀冰塞 ④ 拆修，更换 ⑤ 换油 ⑥ 清洗滤网
15	压缩机不启动	① 主电路电源不通，三相电断相 ② 控制回路切断，短路 ③ 电机故障 ④ 磁力启动器、接触器失灵 ⑤ 安全控制装置动作 ⑥ 高低压控制器自动断开 ⑦ 温度控制器自动断开 ⑧ 压力控制器自动断开 ⑨ 制冷连锁装置动作（如泵系统） ⑩ 过载继电器跳开	① 合闸，检查电源，修复 ② 检查原因，修复 ③ 检查电机 ④ 检查、修复或更换 ⑤ 检查、修复、调整 ⑥ 调整压力、温度控制器断开压力值，检查压力、温度控制器动作，修复 ⑦ 调整温度控制器断开压力值，检查温度控制器动作，修复 ⑧ 调整断开压力值，检查其动作性能，修复 ⑨ 检查，修复 ⑩ 检查，复位

（续）

序号	故 障	产生原因分析	排除方法
16	压缩机启动后不久停车	① 启动接线有误 ② 电机接线有误 ③ 油压控制器给定动作值过高 ④ 油泵建立不起油压，油压过低 ⑤ 压缩机吸、排气阀未开启或未开足 ⑥ 高、低压控制器调整不当 ⑦ 压缩机咬缸	① 检查线路，重接 ② 检查线路，重接 ③ 重接调整 ④ 检查并排除油压过低和压力建立不起的原因 ⑤ 吸、排气阀开足 ⑥ 重新调整高、低压给定值 ⑦ 拆检
17	压缩机运转中突然停车	① 电源切断 ② 压缩机高压超高 ③ 压缩机低压过低 ④ 油压控制器调整不当，幅差太小 ⑤ 温度控制器调整不当，幅差太小 ⑥ 油压过低 ⑦ 压缩机高、低压端泄漏，停车后低压迅速回升 ⑧ 压缩机咬缸，转动部分卡死 ⑨ 电机超负荷，线圈烧损，保险丝烧断 ⑩ 电路连锁装置故障 ⑪ 其他电器故障	① 检查，修复 ② 检查高压超高原因，采取相应措施排除 ③ 检查低压过低原因，采取相应措施排除 ④ 重新调整 ⑤ 重新调整 ⑥ 调整油压 ⑦ 检查泄漏原因，消除泄漏 ⑧ 切断电源，拆检 ⑨ 检查超负荷原因，更换保险丝或线圈 ⑩ 检查，修复 ⑪ 检查，修复
18	冷库降温慢，制冷效果不好	① 冷库隔热性能差 ② 系统冰塞 ③ 排气压力、排气温度过高 ④ 吸气压力过低	① 检查修理 ② 消除 ③ 针对具体原因排除 ④ 针对具体原因排除

第四节　常用制冷剂、载冷剂和冷冻机油

一、制冷剂

1. 制冷剂的基本性质及选用要求

（1）热力学性质

① 具有较低的标准沸点和适中的液化压力，以保证得到必要的制冷温

度。制冷低压系统不出现真空，高压系统压力又不至于过高，一般不超过1.6 MPa。

② 制冷剂的气化潜热（每千克饱和液体气化成饱和蒸气需要的热量）大。制冷循环能产生较高的单位制冷量和单位容积制冷量。

③ 制冷剂的临界温度要高，凝固温度要低，以保证制冷系统工作的稳定并得到较低的制冷温度。

(2) 物理、化学性质

① 具有较高的导热系数、放热系数和较小的密度、黏度。

② 具有一定的溶水性和溶油性。

③ 具有较好的化学稳定性和较高的惰性。

④ 具有良好的电绝缘性能，以适应封闭式压缩机的绝缘强度要求。

(3) 安全性和经济性

① 毒性、窒息性和刺激性小，不燃、不爆。

② 价廉、容易购取。

2. 渔船上常用制冷剂及基本特性

(1) 氨（NH_3、R717）制冷剂　氨具有良好的热力性能。单位容积制冷量大，放热系数高，流动阻力小，工作压力适中；标准沸点 $-33.4\ ℃$，温度适用范围大；溶水性强，制冷系统无"冰塞"之患；价廉，购取方便。

氨具有强烈的臭味、窒息性和较大的毒性，能污染空气。在高压、高温时或空气中混有高浓度氨气时，有燃烧、爆炸的危险。氨的惰性较差，除对黑色金属（钢铁）外，对天然橡胶、铜及大多数铜合金有腐蚀作用。

氨制冷剂由于泄漏导致危险性较大，目前渔船上已很少采用。

(2) R22（二氟一氯甲烷 $CHCLF_2$）制冷剂　标准沸点 $-40.8\ ℃$，排气压力适中，适合船舶冷库和空调制冷装置使用，是目前渔船上使用最广泛的制冷剂。它无毒、不燃、不爆，单独存在时即使温度超过 $500\ ℃$ 仍然稳定。但它属氢氯氟烃，对大气层有破坏作用，今后需由新的制冷剂取代。R22 使用中应注意以下问题：

① 与火焰（$800\ ℃$ 以上）接触时会分解产生微量有毒光气，故应避免接触明火。另外，它容易漏泄又不易察觉，而且因比空气重得多而不易散发，若在狭窄闭塞空间内，装置严重漏泄以致在空气中浓度太大，人停留过久会缺氧窒息。此外，操作中还应严防其液体溅到人体造成严重冻伤。

② 微溶于水。R22 含水时会慢慢发生水解反应生成酸，会腐蚀金属、油位镜及封闭式、半封闭式压缩机的电机绕组，并使滑油变质沉淀，为此 R22 允许的含水量应小于 60～80 mg/kg。另外，含水较多时若经过膨胀阀后降温至 0 ℃以下，水的溶解度急剧下降，游离出来的水就会结冰，在流道狭窄处形成"冰塞"，严重妨碍制冷工作正常进行。

③ 条件性溶油。在温度高于 8 ℃的场合（如曲轴箱、冷凝器、液管），R22 与冷冻机油互溶性强，温度低于－8 ℃互溶性则急剧降低。因此流过膨胀阀降压降温后，溶有少量 R22 的滑油和溶有微量油的 R22 液体会形成分层。

滑油和制冷剂互溶的好处是可随之渗透到压缩机各摩擦部位有助润滑，同时在冷凝器换热面上不会形成妨碍换热的油膜。带来的问题是，若长时间停用前，未将曲轴箱抽空并关排气阀，则高压侧制冷剂漏入曲轴箱会溶入滑油中较多，下次启动时曲轴箱压力迅速降低，油中就会逸出许多氟利昂泡沫，俗称"奔油"，会使油泵建立不起油压，甚至油被吸入气缸产生"液击"。制冷剂溶入滑油还会使油黏度降低，故氟利昂制冷装置应选用黏度较高的滑油。

冷凝器中的氟利昂液体若溶解滑油太多，进入蒸发器后多少会妨碍蒸发，使蒸发压力降低，制冷量减少；而且在膨胀阀后滑油和制冷剂会分层，因此在设计、安装蒸发器和吸气管时，应特别考虑保证足够高的流速及吸气管适当向压缩机倾斜，以利于随制冷剂进入系统的滑油返回压缩机。

④ R22 会使天然橡胶浸润膨胀，需要时应选用丁基橡胶或氯丁橡胶。此外，还会腐蚀镁和含镁超过 2％的合金。

⑤ 电绝缘性较差，而且会使聚乙烯纤维变软，引起绝缘电阻下降。R22 的封闭、半封闭式压缩机的电机绝缘需用丙烯腈树脂。

⑥ 渗漏性很强，对装置的气密性要求高。

二、载冷剂

载冷剂是在间接制冷系统中用来传递和转移热量的中间流体。载冷剂在传递和转移热量过程中，只发生温度变化，不发生相态变化。

作为载冷剂的流体应无毒、腐蚀小、化学性质稳定、不燃，在使用温度范围内不凝固，不气化，流动阻力损失小，同时应具有较大的比热容和良好的导热性，且价廉。

制冷系统常采用的载冷剂主要有淡水和盐水两类。盐水有氯化钠溶液、氯化钙溶液和氯化镁溶液等。

水作为载冷剂主要用于间接冷却式空气调节系统，其工作温度在 0 ℃以上。水有比热容大、无毒、不腐蚀、性质稳定等特点，应用广泛。

盐水是各种盐类水溶液的统称。水的冰点为 0 ℃，而盐水的冰点则低于 0 ℃。在一定浓度范围内，盐水的冰点随其浓度增加而下降。间接冷却制冷系统，采用具有一定含盐浓度和冰点的盐水，在低温条件下传递和转移热量。

作为载冷剂的盐水，在一定温度和含盐浓度下起"输送"冷量的作用。因此使用中应正确选择盐水浓度和冰点。一般实际使用的盐水浓度总是在共晶浓度以下，而盐水的相应冰点低于制冷剂的蒸发温度 5～8 ℃，以保证盐水在使用温度范围内有较好的流动性。盐水具有较强的腐蚀性，在使用时应加缓蚀剂，以中和盐水的酸性。

三、冷冻机油

合理选用制冷压缩机的润滑油（冷冻机油）是保证压缩机安全、高效运转和延长其使用寿命的重要条件。冷冻机油的作用是润滑、密封（渗入运动部件密封间隙，阻碍制冷剂泄漏）、冷却（带走摩擦热、降低排气温度），有的还用来控制卸载和容量调节机构。

压缩机的制冷工况和所用制冷剂不同，则选用的冷冻机油也不同。冷冻机油应满足的主要要求如下：

① 倾点（油能流动的最低温度，比凝固点高 2～3 ℃）应低于最低蒸发温度。冷冻机油会被制冷剂带入蒸发器，为了能被制冷剂带回压缩机，在低温下保持良好的流动性很重要。

② 闪点应比最高排气温度高 15～30 ℃，以免引起滑油结焦变质。

③ 应根据蒸发温度和排气温度选用适当的黏度。制冷压缩机轴承负荷不高，黏度容易满足润滑的要求，而主要应满足密封要求。黏度过低则活塞环与缸壁间的油膜容易被气体冲掉。氟利昂在较高温度大多易溶于油，溶入 5% 就会使油的黏度降低一半，所以氟利昂压缩机所用冷冻机油黏度应适当高些。黏度高的油分子链较长，倾点和闪点相对也会高些。

④ 含水量要低。这是为了避免在低温通道处引起"冰塞"和防止腐蚀金属。含水的润滑油与氟利昂的混合物还会溶解铜，而与钢铁部件接触时，铜又会析出形成铜膜，称为"镀铜"现象，会妨碍压缩机正常

运行。

⑤ 化学稳定性和与所用材料（如橡胶、分子筛等）的相容性要好。如果油在高温下受金属材料催化而分解，会产生积炭和酸性腐蚀物质。

⑥ 用于封闭式和半封闭式压缩机时电绝缘性要好。电击穿强度一般要求在 10 kV/cm 以上。油中有杂质会降低电绝缘性能。

其他对冷冻机油的要求还包括酸值和腐蚀性低、氧化稳定性好、机械杂质和灰分少等。

第四章　液压传动的基础知识

第一节　液压传动系统的基本原理和基本组成

渔船甲板机械主要包括舵机、锚机、起网机、绞纲机等。目前甲板机械动力一般有电动、液压两种。由于液压传动优点明显，在渔船上得到广泛应用。

液压传动的基本原理是利用液压泵输出的高压液体的压力能（以液压油作为工质）来驱动液动机（如油马达、油缸），从而带动其他工作机械做功。液压传动系统主要由以下四个部分组成。

（1）动力部分　液压泵，其功用是将原动机的机械能转换为液压油的压力能。

（2）执行部分　液动机（如油马达、油缸），其功用是将液压能转变为机械能以带动其他工作机械。

（3）控制与调节部分　各种液压控制阀（按功用分为方向控制阀、压力控制阀和流量控制阀），其功用是保证执行部分满足其他工作机械需要的运动方向、输出力（矩）和速度。

（4）辅助部分　如油箱、滤器、蓄压器、热交换器、油路和密封件等。

相对于直接以电力传动的甲板机械，液压传动甲板机械主要有以下优点：

① 容易实现无级调速，且调速范围大。

② 同样的功率，液压传动装置的重量轻、尺寸小，因此惯性小，启动、换向迅速。

③ 传动平稳，易于吸收冲击负荷，可以频繁而稳定地换向，能自动防止过载。

④ 启动扭矩大，便于带负荷启动。

⑤ 系统中的油液对各液压元件实现自行润滑，不易磨损。

液压传动也有以下缺点：对液压油和系统的清洁及液压元件的精度要求很高；油液泄漏难以避免，影响工作效率；油温变化对黏度的影响；发生故障不易检查与排除。

液压系统按额定压力 p_g 可分为：低压系统（$p_g < 6.3\,\text{MPa}$）、中压系统（$6.3\,\text{MPa} \leqslant p_g < 20\,\text{MPa}$）、高压系统（$20\,\text{MPa} \leqslant p_g \leqslant 32\,\text{MPa}$）。

第二节　液压控制阀

液压系统中使用的液压控制阀按其用途可分为三类：方向控制阀、压力控制阀、流量控制阀。

一、方向控制阀

用于控制系统中的油流方向，包括单向阀、换向阀等。

1. 单向阀

（1）普通单向阀　单向阀的功用是使油只能单向流过。单向阀有直通式和直角式之分，阀芯较多采用导向性和密封性较好的锥阀，小流量的也可采用结构简单的球阀。图 4-1 所示为采用直通式锥阀结构的单向阀。当压力油由 A 口进入时，油压力克服弹簧 3 的张力和阀芯 2 的摩擦阻力及惯性力，使阀芯开启，油流向 B 口；而当压力油由 B 口进入时，弹簧力使阀芯迅速关闭，截断油路。单向阀的弹簧有不同规格供选用。单向阀的开启压力一般为 $0.03 \sim 0.05\,\text{MPa}$，在允许流量范围内压力损失通常增加不多。单向阀有

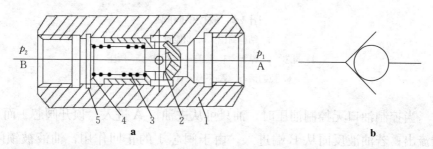

图 4-1　单向阀

a. 结构简图　b. 职能符号

1. 阀体　2. 阀芯　3. 弹簧　4、5. 挡圈　A、B. 油口

时也装设在回油管路中作背压阀用，以使回油保持一定的压力。此外，单向阀还可与细滤器、冷却器等并联，作安全阀使用，在这些元件因脏堵而压降过大时开启旁通。在这些场合，单向阀被当成了压力控制阀使用，这时需换用较硬的弹簧。背压阀开启压力一般为 0.2～0.6 MPa，而细滤器的安全旁通阀开启压力一般不超过 0.35 MPa。

（2）液控单向阀　液控单向阀除像普通单向阀那样能允许油单向流过外，还能在控制油压作用下允许油反向流过，其结构如图 4-2 所示。

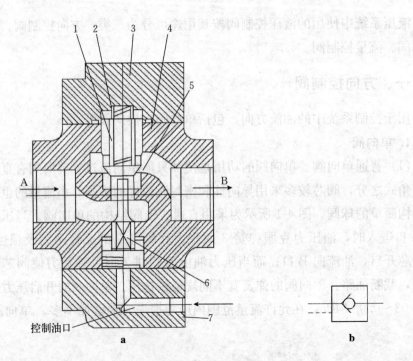

图 4-2　液控单向阀

a. 结构简图　b. 职能符号

1. 阀芯　2. 弹簧　3. 上盖　4. 阀体　5. 阀座

6. 控制活塞　7. 下盖　A、B. 油口

当控制油口无控制油压时，油只可从进油口 A 进入，顶开阀芯 1 而从 B 端流出；若油液反向从 B 端进入，由于阀芯 1 的止回作用，油液被锁闭不通。若控制油口通入控制油压时，控制活塞 6 的底部受油压作用，通过顶杆将阀芯 1 顶起，这时 A、B 两端畅通，解除了止回作用，油液也可以反向流动。

（3）液压锁　液压系统中还常使用一种布置在同一阀体中的双联液控单向阀，也称液压锁。图 4-3 所示即为带卸荷阀芯的液压锁。在 A 或 B 口有压力油通入时，不仅能将该侧单向阀芯顶开，让油通过，而且可借控制活塞 2 先使另一侧的卸荷阀芯 3 开启，然后再使单向阀芯 4 开启，允许回油流过。当 A、B 皆无压力油进入时，两侧单向阀芯在弹簧作用下皆关闭，可使油路锁闭。

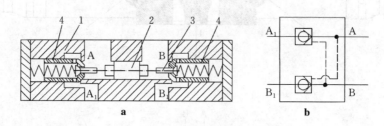

图 4-3　液压锁

a. 结构简图　　b. 职能符号

1. 阀体　2. 控制活塞　3. 卸荷阀芯　4. 单向阀芯　A、B、A_1、B_1. 油口

2. 换向阀

换向阀的功用是利用阀芯相对阀体的位移来改变阀内油路的沟通情况。换向阀的控制方式有手动、机械、电磁、液动和电液等多种；按阀芯工作位置和控制油路数目来分，则有二位、三位和二通、三通、四通、五通、六通等。下面以常用的三位四通电磁换向阀和电液换向阀为例，说明换向阀的结构和工作原理。

图 4-4 所示为三位四通电磁换向阀的结构。图中，压力油进口用 P 表示，通油箱或油泵吸口的回油口用 T 表示，而通执行元件的工作油口则用 A、B 表示。

三位四通换向阀的三个工作位置是：

① 当左、右电磁铁 2 都断电时，阀芯 3 即在两侧弹簧 4 的作用下处于图示中间位置，此时如图形符号中间方框所示，各油口 P、T、A、B 互不相通。

② 当右端电磁铁通电而左端断电时，右端衔铁被吸上而压动推杆 5，克服左端弹簧力和阀芯移动阻力将阀芯推到左端位置，油路变换为符号右框所示：P 与 B 通，A 与 T 通。

③ 当左端电磁铁通电而右端断电时，阀芯被推到右端位置，油路如符

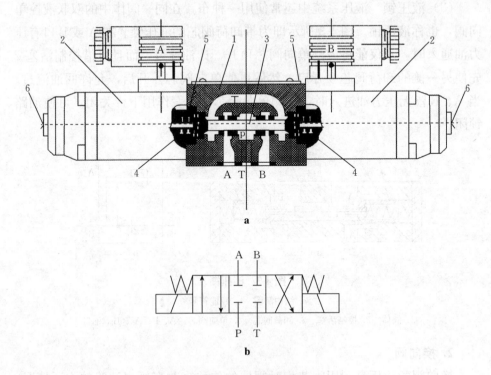

图 4-4　三位四通电磁换向阀（O 型）

a. 结构简图　b. 职能符号

1. 阀体　2. 电磁铁　3. 阀芯　4. 弹簧　5. 推杆　6. 手动应急按钮

A、B. 通执行元件的工作油口　P. 压力油进口　T. 通油箱或油泵吸口的回油口

号左框所示：P 与 A 通，B 与 T 通，于是通执行元件的进排油方向也随之改变。

在电磁铁有故障时，可按手动应急按钮 6（可选）移动阀芯。

换向阀的密封是靠阀芯的圆柱形台肩与阀体的配合间隙来保证的，间隙通常为 0.01～0.03 mm，对配合面的精度和粗糙度要求较高。间隙密封难免有少量内漏泄，不同规格换向阀的内漏泄量为 10～30 mL/min。

根据阀芯在中位的油路沟通情况，有多种不同中位机能的换向阀。我国规定的中位机能代号如图 4-5 所示，与国外产品所用代号有所区别，订货时应予以注意。机能不同的阀在中位时作用不同。有的中位 A、B 隔断（如 M型），则执行元件油路锁闭；而有的 A、B 相通（如 H、P、Y 型），则执行元件"浮动"——可在外力作用下随意移动。有的阀中位 P、T 相通（如H、K、M 型），油泵卸荷；而有的中位 P、T 不通（如 O、Y、J、N 型），油泵不能卸荷；X型中位油泵与回油口节流相通，仍保持一定压力（部分卸荷），可向控制油路供油。

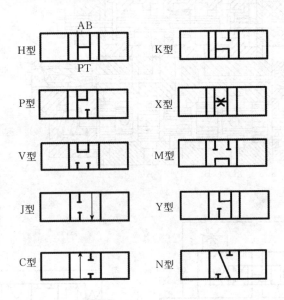

图4-5 多种不同型号的三位四通换向阀的中位机能图

A、B. 通执行元件的工作油口 P. 压力油进口 T. 通油箱或油泵吸口的回油口

电磁换向阀有交、直流两种。交流电磁阀所用电压一般为220V，也有380V或36V的；直流电磁阀使用电压一般为24V，也有110V或48V的。电源电压波动范围一般不得超过额定电压的85%～105%。

电压过高，线圈容易发热和烧坏；而过低则又会因吸力不够而难以保证正常工作。

图4-6所示为电液换向阀。电液换向阀由液动换向阀和电磁换向阀组合而成，适用于流量较大的场合。

当导阀右端的电磁线圈5通电时，导阀阀芯4左移，控制油经阻尼器（单向节流阀）的单向阀7进入主阀芯8的右端控制油腔，而主阀左端的控制油则经阻尼器节流阀2流回油箱，于是主阀芯克服弹簧力和移阀阻力被推到左端。反之，电磁阀左端电磁线圈3通电时，主阀则移到右端。弹簧对中型电液换向阀的导阀中位机能应选Y型，以便导阀两端线圈断电回中时，主阀两端控制油压皆能泄回油箱，而使主阀芯在两端弹簧力作用下回中。

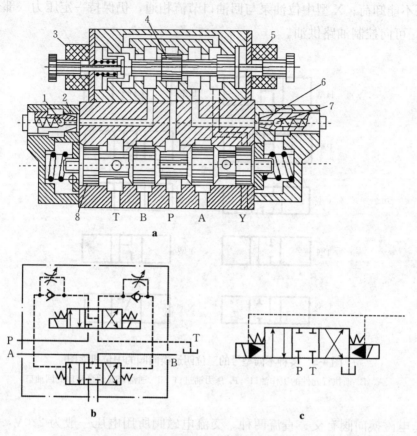

图 4-6　弹簧对中型电液换向阀

a. 结构简图　　b. 详细符号　　c. 简化符号

1、7. 单向阀　2、6. 节流阀　3、5. 电磁线圈　4. 导阀阀芯　8. 主阀阀芯

A、B. 通执行元件的工作油口　P. 压力油进口　T. 通油箱或油泵吸口的回油口

二、压力控制阀

用于控制系统中的油压，包括溢流阀、减压阀、顺序阀等。

1. 溢流阀

溢流阀的作用是在系统油压超过调定值时泄放油液。它在系统中的功用主要有两种：一种是在系统正常工作时常关闭，仅在油压超过调定值时开启，作为安全阀使用；另一种是在系统工作时常开，靠自动调节开度改变溢流量，以保持阀前油压基本稳定，即作为定压阀使用。溢流阀根据动作原理可分为直动型和先导型。

(1) **直动型溢流阀** 图 4-7 所示为锥阀式直动溢流阀,以及我国规定的直动型溢流阀或溢流阀的一般图形符号。用手轮 4 可调节弹簧 5 的张力来改变调定压力。当 P 口油压超过调定值时,锥阀 2 被顶开,从 T 口溢油回油箱。锥阀外端的阻尼活塞 3 起导向和阻尼作用,可提高阀的稳定性。

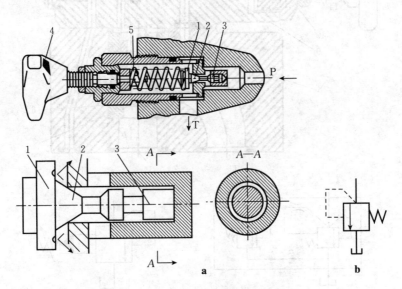

图 4-7 直动型溢流阀

a. 结构简图 b. 职能符号

1. 偏流盘 2. 锥阀 3. 阻尼活塞 4. 调节手轮 5. 弹簧 P. 进油口 T. 出油口

(2) **先导型溢流阀** 图 4-8 所示为国产 Y2 型二节同心式先导溢流阀和先导型溢流阀的图形符号。

这种阀由主阀和导阀组合而成。主阀芯 5 是一底部有阻尼小孔 7 的圆筒形锥阀,与阀套 6 滑动配合,用以控制进油口 P 与溢油口 T 的隔断与接通。压力油从进口 P 进入到主阀下方,经小孔 7 通至主阀上方的油腔,然后通到导阀 1 的前腔。导阀实际是一个小型直动溢流阀。当油压未达到其开启压力时,导阀关闭,阀内油不流动,主阀上下油压相等,主阀在弹簧 8 作用下关闭,溢油口被隔断。

当系统油压超过导阀的开启压力时,导阀被顶开,少量油经导阀座 2 的孔口 a_1、阀盖 3 和阀体 4 左侧的钻孔从溢油口 T 溢出。这时由于阻尼孔 7 的节流作用,主阀下腔的油压 p 就会高于其上腔的油压 p_1。当系统油压 p 继续升高时,导阀开度及其溢流量随之增加,由于导阀弹簧 9 较软,故压力 p_1 增加很小,主阀上下的油压差必然增大。当大到足以克服主阀重力、摩

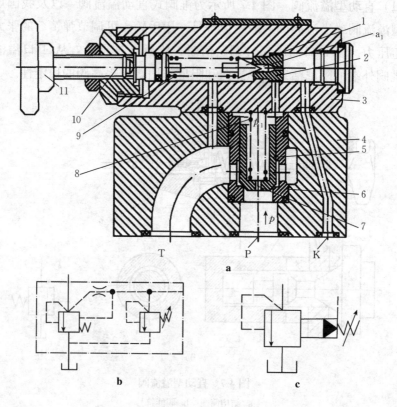

图 4-8　先导型溢流阀

a. 结构简图　b. 详细符号　c. 简化符号

1. 导阀　2. 导阀座　3. 阀盖　4. 阀体　5. 主阀芯　6. 阀套　7. 阻尼孔　8. 主阀弹簧
9. 调压弹簧　10. 调压螺钉　11. 调压手轮　T. 溢油口　P. 进油口　K. 外控口

擦力和弹簧 8 的张力 F_s 时，主阀开始抬起，主阀口即开启溢油。这时，只要系统油压稍有增加，由于主阀上方油压变化不大，主阀上下的油压差就会增大，主阀的升程也相应加大，其溢流量增加，阀进口的系统油压就可大体保持稳定。

2. 减压阀

减压阀能使流经它的油液压力降低，并大致保持所要求的数值。目前使用最普遍的是定值减压阀（简称减压阀），它能根据阀出口压力的变化改变阀的开度，以使阀后油压降低并大致保持调定值。定值减压阀也有直动型和先导型之分，后者性能好，较常用。还有能使阀进、出口的压差或压比保持恒定的定差减压阀或定比减压阀，这些阀通常采用直动型。

图 4-9 所示为先导型定值减压阀的结构实例和直动型、先导型定值减压阀的图形符号。

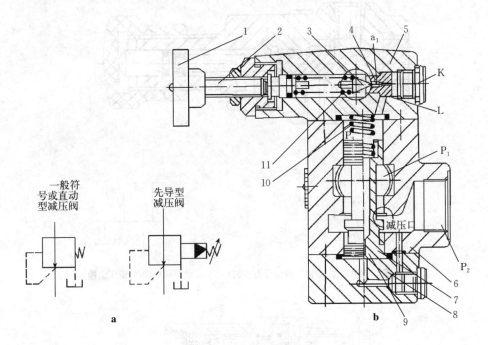

图 4-9　先导型定值减压阀

a. 职能符号　b. 结构简图

1. 调压手轮　2. 调节螺钉　3. 导阀　4. 导阀座　5. 阀盖　6. 阀体　7. 主阀芯　8. 端盖
9. 阻尼孔　10. 主阀弹簧　11. 调压弹簧　K. 外控口　L. 泄油口　P_1. 进油口　P_2. 出油口

3. 顺序阀

顺序阀的功用是用油压信号控制油路接通或隔断，可用来控制执行元件的动作顺序。

顺序阀有直动型和先导型之分，图 4-10 所示为这两种顺序阀的结构实例和图形符号。图 4-10a 所示为直动型，进口油液经阻尼孔被引至与阀芯成一体的控制活塞左方（也有将控制活塞做成阀芯分开，承压面积较小，可适用于较高的工作压力），当油压超过弹簧的调定压力时，阀开启使进、出口相通。图 4-10b 所示为先导型，进口油液先经控制油路 a_1、a_2 被引至主阀下方，然后经阻尼孔 2 引至主阀上方，再经上盖的通孔引至导阀前方。当进口油压增大，超过导阀弹簧调定的开启压力时导阀被顶起；进口油压进一步升高，则主阀全开，进、出口油路即被接通。先导型与直动型相比，其启、闭压力更接近全开时的压力，更适用于较高压力和较大流量。

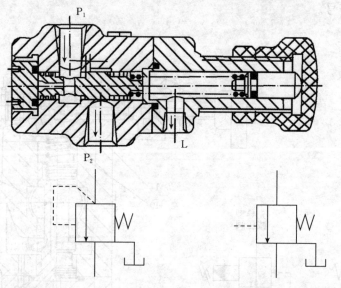

一般符号或直动型顺序阀(内部压力控制)　　直动型顺序阀(外部压力控制)

a

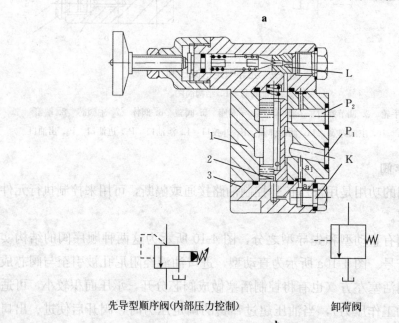

先导型顺序阀(内部压力控制)　　　　卸荷阀

b

图 4-10　顺序阀

a. 直动型　b. 先导型

1. 阀体　2. 阻尼孔　3. 下盖

P_1. 进油口　P_2. 出油口　L. 外泄油口　K. 外控口

控制油压信号直接来自顺序阀进口的控制方式称为内部压力控制。如果将下盖转 90°安装，以便把油路 a_1 堵住，同时卸除外控口 K 的螺塞，并从该处另接其他控制油管，则该阀就改成外部压力控制。

顺序阀与溢流阀颇为相似，区别在于：溢流阀开启溢流时，进油和回油压力相差很大；而顺序阀控制油路接通或隔断，开启后进出口压差一般小于 0.5 MPa，其主阀芯封油长度比溢流阀长。此外，溢流阀大多出口直通油箱，这时可采用内部泄油；顺序阀出口一般通下一级液压元件，泄油口必须外接泄油管直通油箱。

如使外控顺序阀的出口直通油箱，则该阀就成为可用外加油压信号使系统卸荷的卸荷阀。这时泄油可改为通过阀内通道引至出口（内泄）。卸荷阀的图形符号见图 4-10。

三、流量控制阀

用于控制液压系统中油的流量，包括节流阀、调速阀等。流量控制阀是靠改变阀的开度以改变通流面积，从而控制流量的一类控制阀。它多用在定量泵系统中控制执行元件的运动速度。

1. 节流阀

节流阀是靠移动或转动阀芯改变阀口的通流面积，从而改变流阻的阀。它装在定压液压源后面的油路中或定量液压源的分支油路上，可起到调节流量的作用。

图 4-11 所示为可调节流阀的结构实例、图形符号及节流阀与定压液压源配合使用的情况。进口压力为 p_1 的油液通过阀芯 4 下部的径向小孔作用在阀芯下端，同时又通过阀体 3 的小孔通到阀芯上端，两端的液压力几乎平衡。这样，转动手轮便可轻便地克服复位弹簧 5 不大的张力，使带有轴向三角槽式节流口的阀芯移动，从而改变节流口的通流面积，调节流量。

若只需单方向控制流量可采用单向节流阀。图 4-12 所示为单向节流阀。当油从图示右端流入时，弹簧 6 和油压力将阀芯 5 压在阀体 2 的阀座上，油经侧孔 3 从阀体与阀套 1 之间的节流口 4 节流后从左端流出。当油反向流入时，油压力克服弹簧力使阀芯从阀座上开启，相当于流过单向阀，不经节流口节流；而有部分油会流经环状间隙使节流口产生自净化效应。在没有油压时，旋动阀套 1 可调节节流口的通流面积。

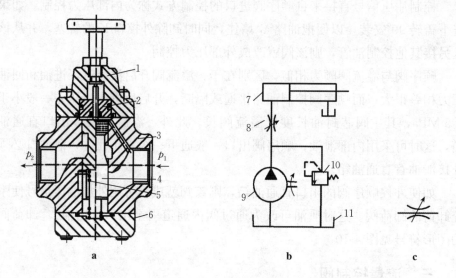

图 4-11 节流阀及其应用

a. 结构简图 b. 应用实例图 c. 职能符号

1. 顶盖 2. 导套 3. 阀体 4. 阀芯 5. 弹簧 6. 底盖

7. 油缸 8. 节流阀 9. 定量油泵 10. 溢流阀 11. 油箱

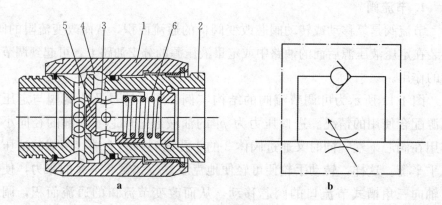

图 4-12 单向节流阀

a. 结构简图 b. 职能符号

1. 阀套 2. 阀体 3. 侧孔 4. 节流口 5. 阀芯 6. 弹簧

节流阀虽可通过改变节流口大小来调节流量，但因阀前后压差可能变化，故调定后并不能保证流量稳定。若要满足执行元件对速度稳定性要求较高的调速需要，必须采用压力补偿的办法，使节流阀前后压差近似保持不变。常用办法是把定差减压阀和节流阀串联，或把定差溢流阀和节流阀并联。

2. 调速阀

普通的调速阀由定差减压阀和节流阀串联而成，在负载变化时定差减压阀能使节流阀前后压差近似不变，从而使通过阀的流量大致恒定。图 4-13 所示为调速阀的工作原理图及图形符号。

来自定压液压源压力为 p_0 的油液，先经定差减压阀 1 降压至 p_1，然后再经节流阀 2 节流降压至 p_2。这样，若定差减压阀阀芯的开度能自动进行调节，以使节流阀前后的油压差 $p_1 - p_2$ 基本保持恒定，则节流阀的流量即可大体保持稳定。

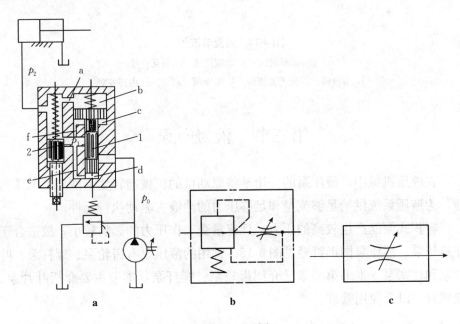

图 4-13　调速阀

a. 工作原理简图　b. 职能符号　c. 简化符号

1. 定差减压阀　2. 节流阀　a~f. 内部腔室

3. 溢流节流阀

溢流节流阀由定差溢流阀和节流阀并联而成，也称旁通型调速阀，负载变化时定差溢流阀能使节流阀前后压差近似不变，从而使通过阀的流量大致恒定。图 4-14 所示为它的工作原理图和图形符号。

来自定量液压源压力为 p_1 的油液进入溢流节流阀后，一路绕过定差溢流阀 2，经节流阀 1 节流后供往执行元件；另一路则经溢流阀 2 控制由溢油口泄往油箱。定差溢流阀与前面讲过的定值溢流阀不同，其溢流量是由节流阀前后的油压差控制，能使 $p_1 - p_2$ 大致保持恒定。

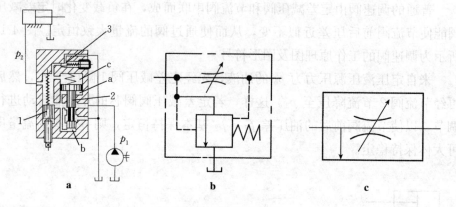

图 4-14　溢流节流阀

a. 工作原理简图　b. 职能符号　c. 简化符号

1. 节流阀　2. 定差溢流阀　3. 安全阀　a、b、c. 内部腔室

第三节　液 压 泵

在液压机械中，液压泵的作用是将原动机的机械能转变为液压油的压力能，为液压系统供给足够流量和足够压力的油液去驱动执行元件。

容积式泵能产生较高的压力，且流量受工作压力的影响较小，故适合于作液压泵。液压泵图形符号见图 4-15。常用的液压泵有齿轮泵、螺杆泵、叶片泵和柱塞泵。本书第一章已介绍齿轮泵、螺杆泵，本节主要介绍叶片泵、栓塞泵，以及使用管理。

图 4-15　液压泵图形符号

a. 单向定量液压泵　b. 双向定量液压泵　c. 单向变量液压泵　d. 双向变量油泵

一、叶片泵

1. 单作用叶片泵的工作原理和结构

图 4-16 所示为单作用叶片泵的工作原理图。其定子 2 的内腔型线是半

径为 R 的圆。圆柱形的转子 1 装在转轴上，转轴的中心与定子圆心存在偏心距。由图 4-16 可见，转子逆时针回转时，叶间腔室的容积在右半周不断增大，而转到左半周则不断减小，因此能分别从贴紧定子和转子两端面的配流盘上的吸、排窗口吸油和排油。

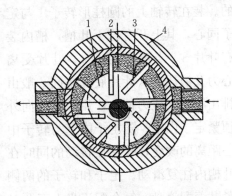

图 4-16　单作用叶片泵的工作原理图
1. 转子　2. 定子　3. 叶片　4. 泵体

单作用叶片泵的叶间腔室转到吸、排窗口间的密封区时，密封区的圆心角略大于相邻叶片所占圆心角，这时叶片所接触的定子曲线不是与转子同心的圆弧，叶间腔室的容积先后略有增大和缩小，稍有困油现象，可通过在排出窗口的叶片转入侧边缘开三角槽予以解决。

单作用叶片泵由于叶片在转过吸入区时向外伸出的加速度较小，单靠离心力即足以保证叶片贴紧定子。为了避免叶片顶部对定子产生过大的压力，将配流盘上与叶片底部叶槽相通的环槽分成两段，在排出区和部分密封区较长的一段通排出腔，而在吸入区较短的一段则通吸入腔。

传统观点认为单作用叶片泵的叶片应按转向采用后倾角。然而叶片倾角增大，则在从吸油转到排油的过渡区内叶片伸出长度增大，叶片两侧压差使叶片承受的弯矩加大，叶面与叶槽的接触应力大，而且在排出区内叶片压力角也增大，会增加叶片移动阻力和磨损。因此单作用叶片泵的叶片以径向安装为宜。

单作用叶片泵的叶片底部空间在吸、排区分别通吸、排油腔，工作时也参与吸排，故计算时无需考虑叶片厚度的影响。

单作用叶片泵工作时定子、转子和轴承将承受不平衡的径向液压力，属非卸荷式叶片泵，故工作压力不宜太高。此外，其流量均匀性也比双作用式差。但移动单作用叶片泵定子，可改变其偏心距的方向及大小，并做成转速恒定而流量可变的双向或单向的无级变量泵。

2. 双作用叶片泵的工作原理和结构

图 4-17 所示为双作用叶片泵的工作原理图。定子 2 内腔的型线是由两段长半径为 R 的圆弧和两段短半径为 r 的圆弧及连接它们的过渡曲线组成

的。装在转轴上的圆柱形转子 1 与定子同心，其上开有若干叶槽，槽内装有叶片 3。当转子旋转时，叶片受离心力及液压力（叶片底部空间一般由排出腔引入压力油）作用，始终向外顶紧定子内壁。随定子内壁与转子中心距离的改变，叶片在转动的同时在叶槽内往复滑动。定子和转子的两侧紧贴着配流盘，每个配流盘上有两对吸、排窗口，配流盘与定子的相对位置由定位销固定，于是在定子、转

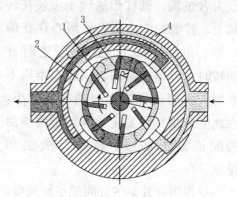

图 4-17　双作用叶片泵的工作原理图
1. 转子　2. 定子　3. 叶片　4. 泵体

子、叶片和配流盘之间就形成若干叶间腔室。当叶片由定子的短半径处转向长半径处时，叶间腔室的容积逐渐增大，其中压力降低，经配流盘吸入窗口从泵的吸入管吸油；当叶片由定子的长半径处向短半径处转动时，叶间腔室容积减小，经配流盘的排出窗口向泵的排出管排油。

这种叶片泵每转中每个叶间腔室吸、排两次，因此是双作用泵。

3. 叶片泵的特点

① 运转平稳，噪声低，流量均匀，这些方面在所有液压泵中仅次于螺杆泵。

② 体积相对较小，尤其是双作用泵，在所有液压泵中单位功率重量最轻。

③ 与柱塞泵相比，结构较简单，制造、装配较方便。

④ 双作用叶片泵所受径向液压力平衡，轴承寿命长；内部密封性也较好；容积效率通常为 $80\%\sim90\%$，最高可达 97%。总效率一般可达 $75\%\sim84\%$，稍逊于柱塞泵（容积效率 $\geqslant92\%$，总效率 $\geqslant82\%$）；压力不高于 $7\,MPa$ 时，总效率常高于其他类型泵。目前特殊设计的中高压和高压叶片泵，采用各种方法限制吸入区叶片底部的油压力，以减轻吸入区定子曲面的磨损，压力最高可达 $20\sim30\,MPa$。

单作用叶片泵因径向液压力不平衡，故泵的工作压力和寿命受到限制，容积效率要低些，一般为 $58\%\sim92\%$；流量均匀性比双作用叶片泵也稍差；但它易于实现无级变量。

⑤ 适用转速范围较窄，一般多在 $600\sim2\,000\,r/min$ 范围内。转速太低则

叶片可能因离心力小而不能压紧在定子表面；太高则离心力使叶片对定子的压力太大，吸入时还容易吸空。

⑥ 对工作油的黏度和污染程度比齿轮泵和螺杆泵敏感。黏度太高则吸油困难，且不利于叶片从叶槽中伸出与定子保持密封；黏度太低会漏泄严重，油温最高许可升至 70 ℃。泵进口应设 100～200 μm 的滤油器，系统的滤油精度应不小于 30 μm，高压叶片泵要求滤油精度为 25 μm，超高压叶片泵要求 10 μm。

⑦ 叶片泵不允许采用皮带、链轮等会产生径向力的传动方式。与电机直联时同轴度应小于 0.05 mm。

二、柱塞泵

1. 径向柱塞泵结构、特点和工作原理

径向柱塞泵由缸体、柱塞、浮动环、配油轴等组成。

原动机经传动轴带动缸体 2 和柱塞 3 回转，滑履靠摩擦力带动浮动环 7 一起回转。当浮动环处于中央位置时（图 4-18a）正与缸体同心，泵运转时柱塞不在油缸内产生任何往复运动，泵流量为零。

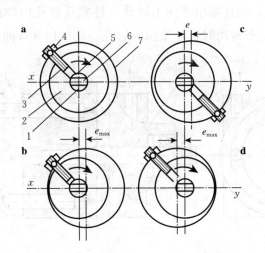

图 4-18　径向柱塞式变量泵工作原理

a. 浮动环处于中央位置　b. 浮动环偏离中央位置而移向右侧

c. 浮动环由右侧移向左侧　d. 浮动环偏离中央位置而移向左侧

1、5. 吸排油路　2. 缸体　3. 柱塞　4. 滑履　6. 配油轴　7. 浮动环

如果通过操纵机构拉动浮动环，使其偏离中央位置而移向右侧（图 4-18b），

则浮动环相对缸体向右偏心。这时如缸体顺时针方向回转，则吊挂在浮动环滑轨上的柱塞在转过上半周时，将从油缸中退出，并经油路 5 吸入油液；而当柱塞转过下半周时，则又压入油缸，将缸内的油液从油路 1 排出。显然，浮动环相对缸体中心的偏心距 e 越大，柱塞的行程就越长，泵的流量也就越大。

当浮动环向相反方向偏离中央位置时（图 4-18d），则油泵吸排方向与图 4-18b 所示情况相反，即从油路 1 中吸油，从油道 5 中排出。

2. 轴向柱塞泵结构、特点和工作原理

（1）组成与工作原理　轴向柱塞泵由缸体、柱塞、倾斜盘、配油盘等组成（图 4-19）。

缸体 3 与泵轴 1 用键连接。在缸体上轴向布置一圈油缸，各缸中的柱塞 4 以自己的球形端部与斜盘铰接，斜盘 5 又可绕泵轴端部的球铰偏转。在缸体的左端固定着配油盘 2，并在配油盘上开有两个弧形配油口 6，分别与泵的吸、排接口 7、8 沟通。

当原动机带动缸体顺时针转动时，如果倾斜盘与泵轴垂直面平行，则在转动过程中柱塞无往复运动，油泵不吸、排油。如使倾斜盘与泵轴垂直面有一夹角（图 4-19），则柱塞由下向上转动，柱塞从缸孔内伸出，从接口 7 吸油；当柱塞由上向下转动时，柱塞压入缸孔，从接口 8 排油。

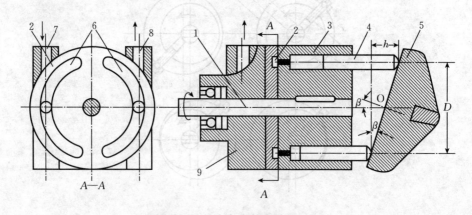

图 4-19　轴向柱塞泵的工作原理

1. 泵轴　2. 配油盘　3. 缸体　4. 柱塞　5. 斜盘　6. 配油口
7、8. 接口　9. 泵体　h. 宽度　D. 直径　β. 角度　O. 圆心

（2）**轴向柱塞泵典型结构**　图 4-20 所示为轴向柱塞泵典型结构——CY14-1 型斜盘式轴向柱塞泵。

CY14-1 型斜盘式轴向柱塞泵由主体部分和伺服变量机构两部分组成。

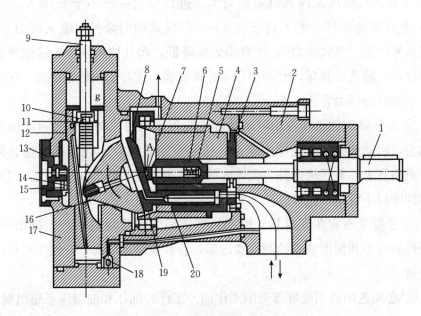

图 4-20　CY14-1 型斜盘式轴向柱塞泵

1. 传动轴　2. 泵体　3. 配油盘　4. 缸体　5. 柱塞外套　6. 定心弹簧　7. 内套
8. 回程盘　9. 拉杆　10. 伺服滑阀　11. 伺服滑阀套　12. 差动活塞　13. 刻度盘
14. 拨叉　15. 销　16. 斜盘　17. 变量机构壳体　18. 单向阀　19. 滑履　20. 柱塞

主体部分结构：传动轴 1 通过花键与缸体 4 连接，在缸体 4 上按轴线方向均匀分布 7 个油缸，各缸中均装有柱塞 20，柱塞的端部与滑履 19 铰接，滑履靠定心弹簧 6 通过内套 7、钢球 A 和回程盘 8 抵压在斜盘 16 上，定心弹簧的另一端则通过柱塞外套 5 将缸体紧压在配油盘上。斜盘 16 以其耳轴支承在变量机构的壳体 17 上。而配油盘 3 则用定位销固定在泵体 2 上。柱塞数多为 7、9、11 等奇数。改变倾斜盘的倾角和方向，即可改变泵的流量和吸排方向，成为双向变量泵。

三、液压泵的使用管理

正确使用和管理液压泵对保证其工作可靠和延长使用寿命至关重要。主要包括：

① 泵轴与电动机应以弹性联轴节直联，轴线同心度误差应不大于 0.05～0.1 mm，不允许采用皮带、链轮等有径向负载的传动方式。底座必

须有足够的刚度。

② 柱塞式液压泵内部流道阻力大，进口压力应不小于 0.08 MPa（绝对），允许吸油高度一般不高于 0.5 m。斜盘式轴向泵如果吸入压力过低，不仅容易产生"气穴现象"，使容积效率降低，而且柱塞须靠铰接端强行从缸中拉出，易造成损坏，有的型号不允许自吸，推荐采用辅泵供油，闭式系统低压侧补油压力常为 0.2～0.6 MPa。

③ 为使泵的轴承和各相对运动部位能得到润滑，初次使用过或刚拆修过的泵，启动前必须向壳体内灌油。柱塞泵安装时应使壳体的泄油管向上行，泄油管上不装任何附件，壳体内的油压通常应不高于 0.1 MPa，以保证壳体的密封不致承压过大。

④ 变量泵不宜在零排量长时间运转。因为零排量时不产生排出压力，各摩擦面得不到漏泄油液的润滑和冷却，容易使磨损增加，并使泵壳体内的油发热。

⑤ 必须选用适当黏度等级的工作油。工作时油压和油温应不超出规定。

⑥ 必须注意保持工作油清洁。轴向柱塞泵因采用间隙自动补偿的端面配油方式，油膜很薄，滤油精度要求较高。如果油中固体杂质多，不仅会使磨损加剧和容积效率降低，而且还可能阻塞泵内通道（例如，柱塞、滑履中的细小通孔堵塞会失去静压平衡作用导致严重磨损），或造成卡阻及变量机构失灵等故障。叶片泵油液若固体颗粒污染严重，会造成工作表面擦伤或叶片卡阻。

⑦ 泵内配合偶件精度很高，且经研配，拆装时不应用力捶击和撬拨，并应防止换错偶件。拆装时应特别注意保持清洁，装配前各零件应该用挥发性洗涤剂清洗，并用压缩空气吹干，不宜用棉纱等容易留下残留物的材料擦干。

第四节　液压马达

一、液压马达的功用和图形符号

液压马达是把液压能转换为机械能的一种能量转换装置，是渔船液压锚机、绞缆机、绞网机等的常用动力。液压马达图形符号见图 4-21。

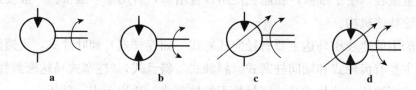

图 4-21　液压马达的图形符号

a. 单向定量液压马达　b. 双向定量液压马达　c. 单向变量液压马达　d. 双向变量液压马达

二、液压马达的性能参数

1. 转速

液压马达理论转速为供入液压马达的油流量与液压马达排量（按其工作容腔几何尺寸计算所得的每转容积变化量）之比。液压马达工作时存在内部漏泄，扣除漏泄损失后的有效流量与供入液压马达的油流量之比称为液压马达的容积效率，故液压马达的实际转速等于理论转速乘以容积效率。

2. 扭矩

液压马达的理论输入功率与理论角速度之比乘以机械效率即为液压马达的实际扭矩。

3. 输出功率

同时考虑液压马达的漏泄损失、摩擦损失、液力损失，其总效率为容积效率乘以机械效率。液压马达的实际输出功率等于实际扭矩和实际角速度之积。

从上述对液压马达性能参数的分析可知，改变液压马达转速的方法有两种：一种是容积调速——采用变量液压泵，改变其流量，或采用变量液压马达，改变其排量；另一种是节流调速——采用流量控制阀来改变供入液压马达的流量。

当液压马达排量不变时，负载越大，马达工作压力就越高。

若采用变量液压马达，在负载扭矩增大时，可使马达排量增大，则工作油压可以少升高或不升高，这在流量既定时马达转速会降低。

排量较大的液压马达，可在工作油压不变的情况下得到较大的扭矩，转速则相应较低，属低速大扭矩液压马达；反之，排量较小的可得到较小的扭矩，转速则相应较高，属高速小扭矩马达。一般将额定转速低于 500 r/min 的归为低速马达，额定转速高于 500 r/min 的归为高速马达。高速马达体积小、重量轻，便于维修，在船上使用日益增多，若用于甲板机械一般要加行星齿轮减速机构。

　　船用低速液压马达主要有径向柱塞式（如连杆式）和叶片式，高速液压马达主要有齿轮式和轴向柱塞式（斜轴式、斜盘式）。柱塞式马达密封性好，可采用高油压；叶片式马达密封性不如柱塞式，适用于中、低压。

三、常用液压马达的结构和特点

1. 叶片式液压马达

　　叶片式液压马达的工作原理和叶片泵相反，是靠工作叶片两侧分别承受进、回油压力时产生的液压扭矩驱动。图 4 - 22 为叶片式液压马达，它与叶片泵结构上的主要差异是：①马达必须有叶片压紧机构，以保证启动前叶片

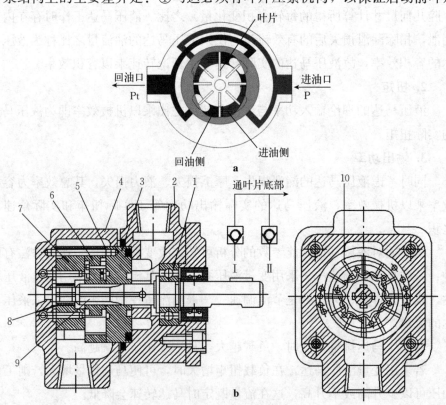

图 4-22　叶片式液压马达

a. 工作原理图　　b. 结构图

1. 球轴承　2. 右泵体　3. 右配油盘　4. 左泵体　5. 定子　6. 转子
7. 左配油盘　8. 滚针轴承　9. 泵轴　10. 叶片

能贴紧定子内表面，否则无法启动；②泵只需单方向转动，但液压马达一般都要求能正、反转，所以马达叶片一律径向放置，叶片顶端左右对称，两个主油口口径相同；③转子端面的漏泄油去润滑轴承后，通常有泄油管通油箱（外泄），也有的情况可专设通道泄至马达低压腔（内泄）。

与柱塞式液压马达相比，叶片式液压马达结构简单，单位排量的重量最轻；但其容积效率（≤90%）、机械效率（≤85%）、启动效率（80%～85%）都较低；工作压力不能太高；低速稳定性较差（最小转速为 4～6 r/min）。叶片式液压马达也有高、低速之分。

叶片式液压马达的结构特点：①叶片径向放置；②在高低压油腔通入叶片底部的通路上装有单向阀；③在底部设置有蝶形弹簧（预紧弹簧）；④转动惯量小，反应灵敏，能适应较高频率的换向；⑤泄漏大，低速时不够稳定。适用于转矩小、转速高、机械性能要求不严格的场合。

2. 连杆式低速液压马达

连杆式液压马达是应用较多的一种径向柱塞式低速液压马达，国外称为斯达发（Staffa）马达。

图 4-23 所示为国产 CLJM 型连杆式液压马达的结构图。由图 4-23 可见，在星形壳体 5 上径向地设有 5 个油缸，每个缸中装有活塞 18，它与连杆 16 的球头铰接，以两个卡在活塞内侧环槽内的半圆形球承座 17 和弹性挡圈 23 定位。连杆大端的凹形圆弧面与曲轴 1 上的偏心轮的外圆配合，两侧各用一个抱环 6 箍住。

曲轴两侧的主轴颈分别由锥形滚柱轴承 3、7 支承，定位于壳体 5 及壳体盖 4 的座孔中。选用合适厚度的环形垫片 15，可以调整曲轴左右窜动的间隙。两只骨架油封 2 背向安装，分别防止油被甩出和污物侵入壳体。

曲轴通过十字形滑块联轴节 9 带动配流轴 11 旋转，配流轴的圆柱面上加工有 A、B、C、D、E 5 个工作槽，用 6 道密封环 14 分隔。其中环形槽 A、B 通过配流壳体 8 的孔道与法兰连接板 10 上的对应油口 A_1、B_1 相通，并经配流轴内的孔道分别通配流槽 D 的两侧油腔 A_2、B_2，然后通过壳体的油道向各缸配油。

这种马达的工作原理如图 4-24 所示。当马达的偏心轮处在图示位置时，若经 A_1 输入压力油而使 B_1 通油箱或液压泵吸口，则压力油就要经 A_2 进入 1、2 号缸。作用在两缸活塞上的油压力沿连杆方向的分力 F_1、F_2 传递到偏

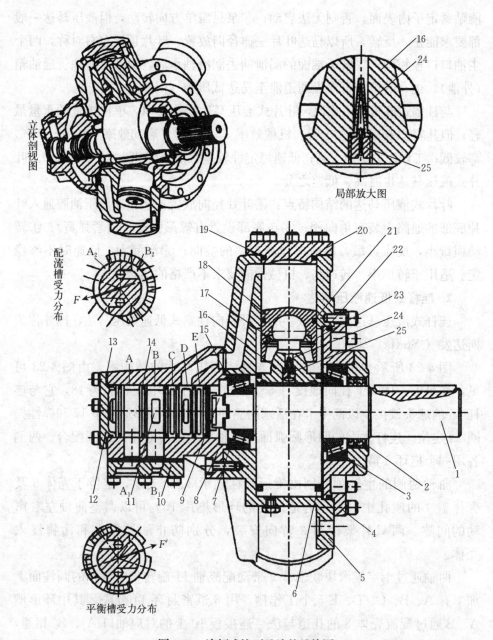

立体剖视图

局部放大图

配流槽受力分布

平衡槽受力分布

图 4-23 连杆式液压马达的结构图

1. 曲轴　2. 油封　3、7. 轴承　4. 壳体盖　5. 壳体　6. 抱环　8. 配流壳体

9. 十字滑块　10. 法兰连接板　11. 配流轴　12. 端盖　13. 调整垫片　14. 密封环

15. 调整环垫　16. 连杆　17. 球承座　18. 活塞　19、22. 密封圈　20. 油缸盖

21. 活塞环　23. 弹性挡圈　24. 过滤帽　25. 节流器

A、B、C、D、E. 工作槽　A_1、B_1. 油口　A_2、B_2. 油腔

心轮上，指向偏心轮的圆心 O_1，对输出轴（中心线通过 O）形成扭矩，使其逆时针回转；而4、5号缸中的油则经 B_2 从 B_1 回油。当进油缸的活塞被推至下止点（如3缸所在位置）时，由于配流轴在随同转动，该缸将与 A_2 错开而与 B_2 接通，准备回油。而当活塞到上止点时，则该缸又将与回油腔错开，接通进油腔，如图4-24中5号缸即将到达的位置那样。所以，一旦曲轴和配流轴在进油油压作用下转动，各缸就会按序轮流进、回油，使马达连续运转。连杆式马达回油背压需大于 $0.2\,\mathrm{MPa}$，转速越高则背压应越高，否则活塞从下止点回行的后半行程减速时，连杆的抱环6和球承座17可能因活塞惯性力过大而损坏。

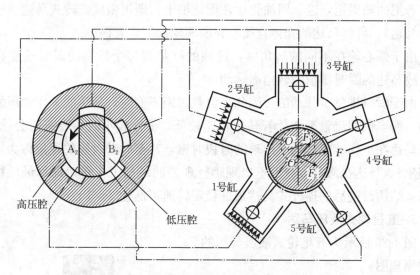

图4-24　连杆式液压马达的工作原理图

A_2、B_2. 油腔

若改变进、回油方向，则图示位置压力油将从 B_2 进入4、5号缸，而1、2号缸中的油则经 A_2 回油，马达将反转。

CLJM型连杆式马达结构上的特点是：

① 配流轴和连杆实现了静压平衡。它在配流轴的配流槽 D 两侧设置了平衡槽 C、E，如图4-23中所示，平衡槽与配流槽的高、低压腔在圆周上的包角相等，而相位相差 $180°$；而在对应的配流壳体上开有与配流窗口包角相等、相位也相差 $180°$ 的盲孔。平衡槽的总宽度与配流槽宽度相等，所产生的液压径向力 F 始终与配流槽处的径向力 F 相等，方向相反，配流轴静压平衡，始终处于浮动状态。这种配流轴的径向间隙常温下仅为 $0.025\sim$

0.055 mm。

连杆也设计成静压平衡，即在柱塞和连杆中心钻孔，压力油除能强制润滑连杆球头外，还通过滤帽 24、节流器 25 进入连杆大端底部的油腔。油腔面积设计成产生的油压力能使连杆顶起，与曲轴之间金属没有直接接触和摩擦。

② 配流轴的密封环 14 和活塞的密封环 21 由铸铁或聚四氟乙烯、尼龙 66 制成，装配后的开口间隙为 0.15～0.25 mm（铸铁）或 1.3～2.5 mm（聚四氟乙烯）。运转时配流轴的密封环应压在孔壁上不动，相对运动发生在密封环与环槽侧壁间，能防止配流壳体内壁磨出凹槽。

若把曲轴固定，进、回油管接在配流轴上，即可做成壳转式马达（也称车轮马达），可将马达的壳体直接装在所驱动的钢索卷筒中。

由于偏心轮在不同的转角时，进油的缸数和每个柱塞的瞬时速度在变化，故马达的瞬时排量随转角而脉动。

由于瞬时排量是脉动的，因此当负载扭矩不变时，马达的工作油压便会脉动。而当供油流量不变，若马达转速较低、惯性较小时，转速则会脉动。液压马达在工作转速过低时出现的时快时慢，甚至时动时停的现象称为“爬行现象”。马达在额定负载下不出现爬行现象的最低工作转速即称最低稳定转速。结构改进后的连杆式马达最低稳定转速可低达 2～3 r/min。

3. 五星轮式液压马达

图 4-25 所示为五星轮式液压马达的结构原理图。

静力平衡式低速大扭矩马达也叫无连杆马达或五星轮式液压马达，国外把这类马达称为罗斯通（Roston）马达。这种马达是从曲柄连杆式液压马达改进、发展而来的，连杆已由一个滑套在偏心轮 5 外面的五星轮 3 所代替，而配油轴和输出轴也已做成一体，成为偏心轮 5，从配油套引入的油液，经曲轴的内部钻孔，还可穿过偏心轮和五星轮 3，一直通入到空心柱塞 2 中，因而也就取消了壳体中的流道。

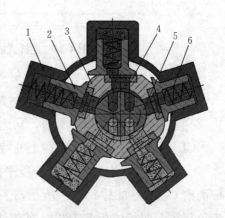

图 4-25 五星轮式液压马达的结构原理图
1. 壳体　2. 空心柱塞　3. 五星轮
4. 压力环　5. 偏心轮　6. 弹簧

　　液压马达五星轮 3 滑套在偏心轴的偏心轮上，由于受柱塞底部端面的约束，则五星轮 3 只能做平面运动而不能转动。在它的五个平面中各嵌装一个压力环 4，压力环的上平面与空心柱塞 2 的底面接触，柱塞中间装有弹簧，以防止液压马达启动或空载运转时柱塞底面与压力环脱开。高压油经配流轴中心孔道通到曲轴的偏心配油部分，然后经五星轮中的径向孔、压力环、柱塞底部的贯通孔而进入油缸的工作腔内。在图 4-25 所示位置时，配流轴上方的三个油缸通高压油，下方的两个油缸通低压回油。

　　在这种结构中，五星轮取代了曲柄连杆式液压马达中的连杆，压力油经过配流轴和五星轮再到空心柱塞中去，液压马达的柱塞与压力环、五星轮与曲轴之间可以大致做到静压平衡。在工作过程中，这些零件还要起密封和传力作用。

　　由于作用于偏心轮上的油压，其合力通过偏心轮的中心，因此就会对偏心轴的中心产生顺时针方向的转矩，使偏心轴按顺时针方向旋转。

　　由于是通过油压直接作用于偏心轴而产生输出扭矩，因此称为静力平衡液压马达。

四、液压马达的使用管理

　　液压马达使用中应注意以下各项：

　　① 长期连续工作时，油压应比额定压力低 25％为宜，瞬时最高油压不应超过标定的最高压力，转速应在标定的范围内。

　　② 输出轴一般不应承受径向或轴向力负荷，否则会使轴承过早损坏；其与被驱动机构的同心度应保持在允许范围内，或采用挠性连接。

　　③ 连杆式马达应保持足够的排油背压，具体值在产品说明书中有规定，一般应大于 $0.1\sim0.2$ MPa。

　　④ 初次使用的马达壳体内应灌满工作油。柱塞式马达壳体上常有 $2\sim3$ 个泄油接口，应选上部的接口接泄油管，将其余接口堵死。泄油管最高水平位置应高于马达，以防马达壳体中的油漏空，导致马达工作时不能得到润滑和冷却。

　　壳体内油压一般应保持在 $0.03\sim0.05$ MPa 以下，最高不应高于回油压力，大多不超过 0.1 MPa，以保证轴封和壳体密封可靠。为此，泄油管应单独接回油箱，不应与主油路的回油管路连接，泄油管不宜太长，上面不宜加其他附件。

⑤ 试车时先让马达以 20%～30% 的额定转速运转，然后逐渐加至额定转速。在低温环境启动应先空载运转，待油温升高后再加载工作。空载工作压降一般不高于 0.5～1 MPa。

第五节　液压辅件

液压辅件主要包括滤油器、油箱和蓄能器等。

一、滤油器

滤油器的作用是过滤液压油中的杂质，保持液压油的清洁度，降低液压设备的故障率，延长液压油的使用寿命和提高液压系统的工作可靠性。对滤油器应满足下列要求：①具有较高的过滤性能和流通能力，既能阻止一定尺寸的杂质，又能在较小的压力损失下通过大流量。②过滤材料具有一定的机械强度，防止受到压力油的破坏。③容易清洗和更换过滤材料。

滤油器的种类按过滤精度分为粗滤油器、普通滤油器、精滤油器、特精滤油器。按滤芯的材质和过滤方式分为网式、线隙式、纸质和磁性滤油器等。在渔船液压系统中，磁性滤油器一般与前几类滤油器组合在一起使用。

图 4-26 所示为折叠圆筒式纸质滤油器的结构。其滤芯由三层组成，外层 2 为粗孔钢板网，中层 3 为呈星状叠层的滤纸，里层 4 是与滤纸叠组在一起的金属丝网。滤油器顶部装有压差报警器 1，滤芯堵塞压差增大到一定值时接通电开关，发出报警信号。

滤油器在液压系统中安装的位置一般在吸油管路口装有粗滤器，有时在压油和回油管路上也安装普通滤器，在重要元件（如溢流阀）之前也装有精滤油器。

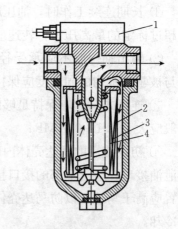

图 4-26　纸质滤油器
1. 压差报警器　2. 粗孔钢板网
3. 滤纸　4. 金属丝网

二、油箱

油箱除了储油以外，还起到散热和分离出油中杂质和空气的作用。渔船上一般由储油箱和膨胀油箱两种。

1. 对油箱的要求

① 具有足够的容量，以满足液压系统对油量的要求。

② 能分离出油中空气和其他杂质，并能散发液压系统中在工作过程所产生的热量，使油温不超过允许值（一般为 50～70 ℃）。

③ 油箱的上部应有通气孔，以保证油泵的正常吸油，油箱侧壁和下部应具有良好的密封性。

④ 便于油箱中元件和附件的安装和更换。

⑤ 便于补油和排油。

⑥ 油箱内壁应涂耐油防锈涂料。

2. 油箱容量的确定

油箱的有效容量（指油面高度为油箱高度的 80％时，油箱所贮油液的容积）可大致确定如下：

在低压系统中，油箱有效容量为液压泵额定流量的 2～4 倍。

在中压系统中，油箱有效容量为液压泵额定流量的 5～7 倍。

在高压系统中，油箱有效容量为液压泵额定流量的 6～12 倍。

三、蓄能器

蓄能器又称为压力油柜，它是一种储存和释放能量的压力容器。蓄能器的功用主要有：

① 当系统在小流量下工作时或系统暂时不负担工作时，将多余的能量储存起来，在需要时又重新放出，即起储存和释放能量的作用；

② 当液压泵停止工作时，还可在短时间内供应大量的压力油，减少泵消耗的功率，起应急供油作用。

③ 满足瞬时高峰负荷，对整个系统起缓冲和安全作用。

蓄能器的工作原理见图 4-27，在充油前整个容器内先充进一定压力的空气，然后油泵开始工作，把油液压入容器内。随着油位升高，上部空间渐逐减小，空气被压缩，压力升高，当达到规定压力时，压力表开关动作，切断泵的电源，这就是储压过程。当

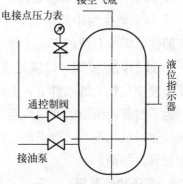

图 4-27　蓄能器的工作原理图

分配阀接通，液动机工作时，压力油柜中的油液，在空气压力作用下进入管路和液动机，空气体积膨胀、压力下降，直到压力表开关的低限位值时，开关闭合，液压泵又开始工作，即为放能过程。蓄能器中一般装有压力表开关又称电接点压力表，它是根据油压的变化，自动接通和切断液压泵的电源，起到自动启停液压泵的作用。

第六节 液 压 油

液压油是液压传动系统和控制系统传递能量的工作介质，同时它还可以起润滑、冷却运动零件表面的作用。

一、对液压油的要求和选择

1. 对液压油的要求

① 具有适宜的黏度和良好的黏温特性。在工作温度变化范围内，黏度变化要小。黏度太大，阻力大，磨损增加，灵敏度降低；黏度太小，则泄漏严重，容积效率降低，功率损失增加。

② 具有良好的润滑性和足够的油膜强度。

③ 不得含有水汽、空气及其他容易汽化的杂质，否则会产生气泡，使工作机构发生颤动，影响工作的平稳性。

④ 不腐蚀机件及破坏密封材料，即不能含有不溶性酸及碱类。

⑤ 有高度的化学稳定性，在长期贮存及使用过程中不发生氧化，能长期使用不变质。当系统内温度、压力及流速有变化时，仍保持其原有的性质。

⑥ 抗挤压性（剪切稳定性）良好。

⑦ 尽量减少油中的杂质，不允许有沉淀，以免磨损机件、堵塞管道及液压部件，影响系统的正常工作。

⑧ 油的闪点要高，以满足安全防火的要求。油的凝固点要低，使在寒冷或温差变化较大的条件下，流动性良好。

为了改善液压油的使用性能，某些专用液压油中还加入了适量的各种添加剂，如抗氧化剂、抗磨损剂、防泡沫剂、防透蚀剂、降低凝固点和提高黏度指数等添加剂。

2. 液压油的选择

一般对工作油液的选择应满足下列几点：

（1）选择合适的液压油品种　首先应根据泵、马达的种类、工作温度、系统压力、液压元件的性能要求等来选择液压油的品种，一般采用普通液压油，有特殊要求时应选用其他具有特殊性能要求的油液。

（2）应选择合适的油液黏度　国产液压油的牌号是根据油液在 50 ℃时测得的运动黏度命名的。因此，选定了油液的黏度，也就确定了油的牌号。

推荐的黏度范围如表 4-1 所示。

表 4-1　适用液压油的品种和运动黏度

液压泵类型	工作压力	40 ℃运动黏度（mm^2/s）		适用品种和黏度等级
		工作温度（0～40 ℃）	工作温度（40～80 ℃）	
叶片泵	＜7 MPa	30～50	40～75	HM 油，32、46、68
	≥7 MPa	50～70	55～90	HM 油，46、68、100
螺杆泵		30～50	40～80	HL 油，32、46、68
齿轮泵		30～70	95～165	HL 油，32、46、68、100、150（中、高压用 HM 油）
径向柱塞泵		30～50	65～240	HL 油，32、46、68、100、150（高压用 HM 油）
轴向柱塞泵		40	70～150	HL 油，32、46、68、100、150（高压用 HM 油）

注：寒冷地区室外工作环境温度变化大，应选用 HV 油。

一般液压装置使用说明书常推荐合适的液压油品种，可参照执行。

二、液压油污染的检测和换油

液压油一般每 6～12 个月应取样检查一次。油样是否污染和变质在现场可作简易判断——用玻璃容器取油样与新油油样对比：油中如果混入太多空气会变得混浊，静置 1～2 h 后会从底部开始变得较清彻；油中如果混入水分多，会呈乳白色，静置 24 h 后上部会变得较为透明；如果色泽变得暗褐并有臭味，则油已氧化变质，在拆卸设备或滤器时可能会发现黏性污染物，铜合金或高速流动处的铁合金会发现腐蚀；如尽管含水量小于 0.1%，设备和管路中见到明显铁锈，则表明防锈剂已损耗了；如新设备工作不足 6 个月，油中杂质可能是因系统清洗不彻底，并非油已变质。

此外，也可以将油样滴在滤纸上，根据形成的滴痕来判断油液污染变质的程度。油在滤纸上从中心向周围扩散，将固体粒子积留在中心部位，故中心部位颜色较深，而扩散部分颜色较浅，表明油已变质。若油未污染，滴痕的颜色就较均匀，否则会生成颜色明显有别的环形痕迹，环形痕迹越明显，污染的程度就越严重。如果滴痕呈现棕色或灰色，则表明油中已生成胶质、沥青或炭渣。

至于油中是否有水溶性酸、碱，可用少量水与油样一起搅拌、摇荡，待其静置分层后再用 pH 试纸检测水层的酸碱性来判断。油中是否含水还可用以下方法判断：滴油于赤热的铁块上，如有"哧哧"声，即表示油中有水。

以上都属简易的粗略判断方法，而人眼可见的最小颗粒直径约为 $40~\mu m$，许多肉眼见不到的颗粒已足以对装置造成危害。精确的理化指标应由国家认可的油液检测中心检测。

经验表明，油氧化后应全部更换。此外，液压泵、马达损坏换新后，如不彻底清洗系统和换油，寿命将不超过 6 个月。

第五章　舵　　机

第一节　基础知识

一、舵的类型

舵垂直安装在螺旋桨后方。图 5-1 所示为海船所用的三种典型的舵的组成。舵叶 7 经舵销 5 支承在舵托 9 和舵钮 6 上。除小船采用平板舵外，大船舵叶都采用钢板焊接的对称机翼型空心结构，称为复板舵。与舵叶相连的舵杆 3 穿过船尾部的舵杆套筒 4，由舵机室内的上舵承 2 支承，有的舵在船尾支架上还增设了中间舵承 10（图 5-1b）。舵杆和舵销保持同一轴线，操舵装

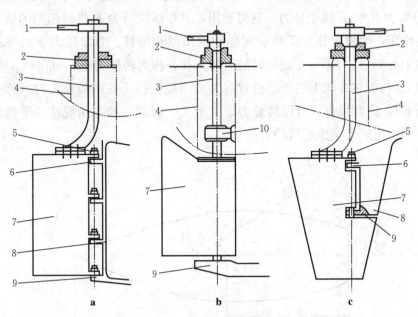

图 5-1　舵的几种类型

a. 不平衡舵　b. 平衡舵　c. 半平衡舵

1. 舵柄　2. 上舵承　3. 舵杆　4. 舵杆套筒　5. 舵销
6. 舵钮　7. 舵叶　8. 舵柱　9. 舵托　10. 舵承

置通过舵柄 1 带动舵叶绕该轴线偏转。

舵杆轴线紧靠舵叶前缘的舵，称为不平衡舵；舵杆轴线置于舵叶前缘后面一定距离的舵称为平衡舵；而仅在下半部做成平衡式的舵称为半平衡舵（图 5-1）。后两种舵在工作时，因水流对舵叶轴线前、后叶面上的作用力矩方向相反，可减少转舵所需的扭矩。

二、舵的作用原理

转舵变向的基本原理

转舵力矩与转船力矩如图 5-2 所示，舵安装在推进器的后方，浸于水中，并可借舵机使之绕舵柱中心线 O_2 而偏转，当船舶以一定的航速 $v(\text{m/s})$ 前进，并开动舵机使舵偏转时，舵与水流之间就会形成某一种角 α（即舵角），因此就有一相应的总水压力 p 垂直作用于舵面上，假设在船舶重心 O_1 的垂直线上与 p 所在平面相交处，加上一对大小相等而方向相反的力，$p_1 = p_2 = p$，那么，由 p 与 p_1 所组成的力偶，就将使船舶转向，称之为转船力矩，$M_{转船} = p \times L_1$。其中力臂 L_1 与船舶长度 L、舵角 α 等有关。若将力 p_2 分解为 R 和 T 两个分力，就可看出，其中纵向分力 R 将对船舶的航行起制动作用，而横向分力 T 将引起船舶的横倾和漂移。总水压力 p 对舵的旋转轴中心 O_2 的力矩，是舵机转舵时的负荷，称为转舵力矩，$M_{转舵} = p \times L_2$。力臂 L_2 与舵柱在舵上的安装位置有关。当舵柱位于舵的最前方时（称为不平衡舵），力臂最长，所以转舵力矩也最大。因此一般都用舵柱位于稍后位置上的平衡舵来减少舵机的负荷。

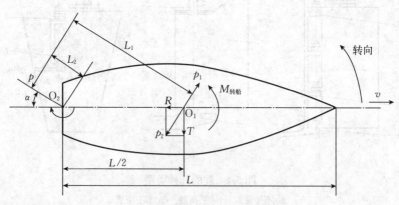

图 5-2　转舵力矩与转船力矩

对最大舵角的限制从图 5-3 可见，转船力矩随舵角 α 的增大而增大，但在一定的舵角上（平板舵在 35°，流线型舵在 32°）出现最大值后 $M_{转船}$ 随 α 的增大而减少。当转船力矩出现最大值的舵角就称为最大舵角，以 α_{max} 表示。由于舵机是按最大舵角时的 $M_{转舵}$ 来设计和选择的。因此，在超过最大舵角下运转，非但不能增加舵效，$M_{转船}$ 反而减少，而且舵机有可能因过载而损坏。因此，在各种舵机中都设有最大舵角的限制机构。在电液舵机中，常采用电力或机械的方法来限制最大舵角。

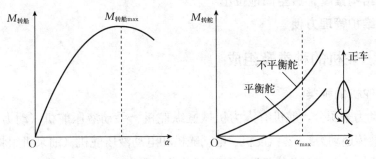

图 5-3　转船力矩、转舵力矩与转舵角关系曲线

三、对舵机的基本要求

舵机是保证渔船操纵性能和安全航行的重要机械设备。它发生故障和失灵，将严重威胁航行安全。根据船舶航行的实际需要，对舵机提出的基本要求如下。

1. 满足船舶操纵性能要求

舵机应能保证足够大的转舵力矩，在任何航行条件下，确保正常工作。在最大航速时，能够将舵转动到最大舵角位置。

舵机应保证足够的转舵速度，并应能在 28 s 内自一舷 35°转到另一舷的 30°位置。

在船舶最大倒航速度（最大正航速度的一半）时，舵机应保证正常工作不致损坏。

2. 工作可靠，生命力强

舵机的结构强度足以承受巨浪冲击。它应备有两套操舵装置，可以互相换用，并有备用动力和应急装置。当船舶半速但不小于 7 kn 前进时，备用动力应能使舵在 60 s 内自一舷 15°转至另一舷 15°。

电动舵机或电动液压舵机的操舵装置，设有两套电动机和油泵机组。每套都从主配电板独立引出电源。

主操舵装置和备用操舵装置应能迅速简便地互相换用。操舵装置应有舵角限制器。

舵机工作应平稳，无撞击。

3. 操纵灵活、轻便、正确

在任何情况下，舵叶都能及时准确地转到要求的舵角位置。操舵角与实际舵角间的误差小，不自动跑舵。应设舵角指示器显示出实际舵角。

4. 结构紧凑，占空间地位小

5. 维护管理方便

四、舵机的种类及组成

1. 舵机的种类

按动力来源分，舵机有人力机械操纵舵机、手动液压舵机（动力为人力，利用油液传递动力）、蒸汽舵机、电动舵机和电动液压舵机（油泵机组将电动机电能转化为液压能，并依靠液压能进行转舵，简称液压舵机）等五种。

2. 舵机的基本组成

舵机除舵设备本身外，主要由转舵装置、操舵装置、转舵执行机构及其他附件组成。

转舵装置（或称推舵装置）包括发出转舵力矩的执行油缸、执行电动机及将力和力矩传递到舵柱上的传动机构。

操舵装置是从船舶驾驶台到舵机执行机构之间，为实现指令传送，控制舵机转向和速度，并进行信号反馈，保证舵机按照驾驶人员的意图工作的一套设备。

转舵执行机构需要的能源，可来自电力、液压、蒸汽、机械、人工。为准确完成舵机的各项工作，需要有各种控制元件和辅助设备组成的完整的工作系统，它包括输出力和力矩控制、方向控制、速度控制和信息反馈装置等。

其他附件有舵角指示器、压力表、温度表等。

第二节　液压舵机的基本组成和工作原理

一、液压舵机的基本组成

1. 转舵机构

利用液压产生的推力，使舵柱与舵机固定连接的舵叶转动的一套机械设备。

2. 液压系统

将电能转换为液压能，并将液压能供给推舵机构，使推舵机构能按所需的推舵力矩和舵角转动速度进行工作，同时，液压系统要全面考虑舵机其他工作性能要求。例如，不"跑舵"、能自动防浪让舵、极限位置自动停舵、无强烈的液压冲击和噪声等。

3. 操舵控制系统

根据驾驶人员的意图，指挥和控制推舵机构和液压系统的工作要使之正确及时地完成所需要达到的舵角，以及实现停舵或换向的动作。

二、液压舵机的工作原理

稍大一些的渔船一般都采用电动液压舵机，它分为阀控型和泵控型两大类。

1. 阀控型液压舵机的工作原理

下面以图 5-4 阀控型舵机的液压系统图为例来介绍。

（1）工作原理 阀控型舵机的液压泵采用单向定量泵 1，舵机工作时泵按既定方向连续运转，吸、排方向和排量不变，向转舵油缸供油的方向由 M 型三位四通电液换向阀 4 控制。驾驶台给出的指令舵角信号和与舵柄（或舵柱）相连接的舵角反馈发讯器 8 发出的实际舵角信号相比较，当两者偏离时，舵角偏差信号经放大后，根据偏差方向不同，使换向阀相应一侧的电磁线圈通电，于是阀芯从中位向一端偏移，向某侧转舵油缸供油，另侧油缸的油路则由换向阀通回泵的吸口（闭式系统），油缸中的柱塞移动，推动舵柄和舵叶转动。

当舵转至反馈发讯器 8 送回电气控制系统的实际舵角信号与指令舵角信号相符时，换向阀电磁线圈断电，阀芯回到中位，泵的排油经换向阀卸荷，通转舵油缸的油路被封闭，舵叶停在与指令舵角相符的舵角。

当指令舵角偏离实际舵角的方向相反时，换向阀的另一侧线圈通电，阀芯偏移的方向及转舵方向也就相反。

（2）压力保护 舵机液压系统应设安全阀，它在两种情况下起作用：①转舵时若转舵力矩过大，管路中油压高于调定值时安全阀会开启，使高压侧油液与低压侧旁通，以避免管路和液压元件承受过高压力，并防止电机过载。②舵叶停止转动时，若受大浪或其他外力冲击，安全阀也会因油压升高

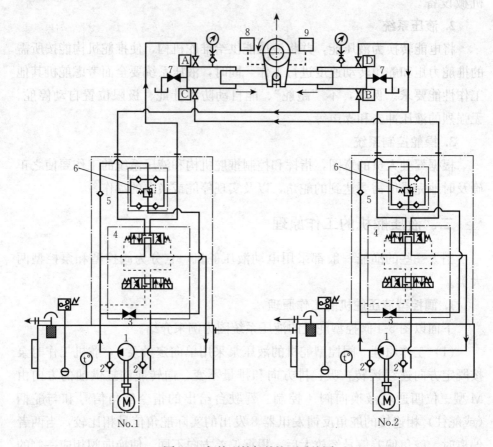

图 5-4 阀控型舵机的液压系统图

1. 单向定量泵 2. 单向补油阀 3. 旁通阀 4. 三位四通电液换向阀 5. 单向阀
6. 安全阀组 7. 放气阀 8. 舵角反馈发讯器 9. 舵角指示发讯器

而开启，允许舵叶暂时偏让而"跑舵"；当冲击舵叶的外力消失后，由于实际舵角偏离指令舵角，换向阀会自动离开中位，直至舵转回到与指令舵角相符为止，起后一种作用的安全阀也称防浪阀。

阀控型舵机能被换向阀隔断的前后油路，均应设置安全阀。本例的安全阀组 6 设在换向阀后，可作防浪阀用；而液压泵和换向阀之间的油压限制，本例是通过单向阀 5 由换向阀后的安全阀来兼替。

（3）补油、放气和舵角指示 闭式油路都需要解决补油问题。因为高压侧油液难免会有外漏（如从液压泵或液压控制阀漏回工作油箱），这样低压侧油路的油压就可能会太低，可能产生气穴或吸进空气，使泵的容积效率降低，噪声增大，甚至造成泵损坏（某些斜盘泵球铰可能拉坏）。本例设在工作油箱中的液压泵的两侧油路都设有补油单向阀 2，当主油路压力过低时可以从油箱补油（当舵叶在负扭矩下转得太快时，泵排出侧也可能出现低压），也有的阀控型闭式系统是通过高位油箱补油。工作油箱设有空气滤清器、油温计、低油位报警器（油位过低时会发出警报并自动切换备用的泵和系统）。

闭式系统各转舵油缸偏近端部的上方设有放气阀 7，以便初次充油或其他必要时候释放空气。

为了了解舵叶所处的实际舵角，便于舵机的调试和驾驶人员对船舶的操纵，除了转舵机构有机械舵角指示外，还设有与舵柄或舵杆相连的电动舵角指示器的发讯器 9，可在驾驶台、集控室、舵机室及轮机长、船长住舱等处显示舵角。电动舵角指示器通常是一对由电路相连的自整角机，两者转子的角位移始终同步。

阀控型舵机也可以采用开式系统，即换向阀的回油管通回到工作油箱，泵从工作油箱吸油。开式系统油散热较好，系统内有空气容易释放，但回油管上应设由泵排出压力远控的顺序阀，以免舵承受负扭矩时转得太快，导致泵来不及供油以至排压过低，产生气穴、噪声和液压冲击。

阀控型舵机采用单向定量泵，系统及控制相对简单，造价较低。缺点是不转舵时泵仍以全流量排油，经济性稍差，油液发热要多些，适用功率比泵控型小。

对于尺寸既定的转舵机构来说，液压泵的流量决定了转舵速度。泵的工作油压除很小部分用于克服管路阻力外，主要取决于推动转舵机构所需的力，即取决于转舵扭矩。舵机最大工作油压就是产生公称转舵扭矩时泵出口处的油压。泵的额定排出压力不得低于舵机最大工作油压。舵机最大工作油压选得越高，转舵机构的尺寸就越小，泵的额定流量和管路直径也相应减小，整个装置的尺寸和重量就会变小。但上述指标并非随工作油压提高以线性关系减小，过高的工作油压将对液压元件及管理水平提出更高要求，目前舵机的最大工作油压已达 24.5 MPa。

2. 泵控型液压舵机的工作原理

下面以图 5-5 泵控型液压舵机的液压系统图为例来介绍。

（1）工作原理 泵控型舵机采用两台双向变量液压泵（主泵）P_1、P_2，分别与转舵油缸 C_1、C_2 和 C_3、C_4 组成两个可各自独立工作的闭式系统。主泵早期用径向柱塞式变量泵，现在多用斜盘式或斜轴式轴向柱塞双向变量泵。工作时主泵连续按既定方向运转，其吸、排方向和排量靠改变泵控制杆

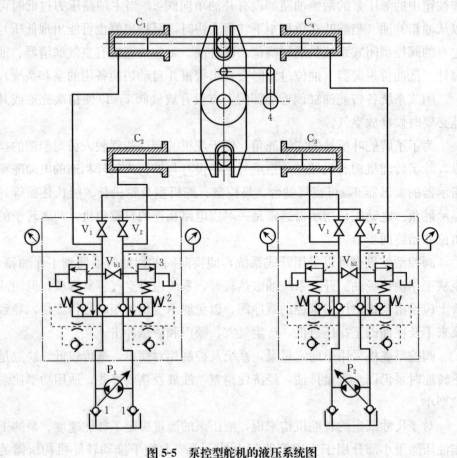

图 5-5 泵控型舵机的液压系统图

1. 补油单向阀 2. 主油路锁闭阀 3. 主油路安全阀 4. 舵角发讯器

C_1、C_2、C_3、C_4. 转舵油缸 P_1、P_2. 主泵 V_1、V_2、V_3、V_4. 截止阀 V_{b1}、V_{b2}. 旁通阀

偏离中位的位移方向和大小，来改变泵的斜盘倾角或缸体摆角予以控制。主泵控制杆偏离中位的位移方向和大小取决于指令舵角和实际舵角之间的舵角偏差。当舵角偏差尚不太大时，控制杆的位移即已达到最大值，主泵即以最大流量去推动转舵机构转舵，直至实际舵角接近指令舵角时，主泵的流量才逐渐减小；而当实际舵角等于指令舵角时，泵回到零排量的中位空转，舵叶即因主油路锁闭而停在与指令舵角相符的位置。

泵控式舵机大多数配有辅泵。

（2）**主油路的锁闭** 每一闭式主油路中设有油路锁闭阀 2，本例是一对靠主泵油压启阀的带卸荷阀的双联液控单向阀，其结构原理图如图 5-6 所示。在主泵排油压力 p_1 或 p_3 的作用下，它能自动顶开排油侧单向阀 4，同时通过控制活塞 2 和卸荷阀 3 使回油侧的单向阀也开启，沟通主泵与转舵油缸间的油路。而在两种情况能将主泵出口油路锁闭：①舵转到指令舵角而主泵停止供油时，两侧单向阀在弹簧作用下自动关闭，防止舵压力使转舵油缸内的油液经主泵漏泄而跑舵。②锁闭备用泵油路，防止工作时油经其漏泄而影响转舵。

主油路锁闭阀也可以是靠辅泵油压控制的液控两位四通阀。泵装置启动后，其配用的主油路锁闭阀由辅泵油压推移换位，使主泵通转舵油缸的两条主油路接通；泵装置停用则其辅泵不排油，其配用的主油路锁闭阀靠弹簧复位，则通转舵油缸的两条主油路锁闭。靠辅泵油压启阀的主油路锁闭阀可使主油路的压力损失较小，而且辅泵失压时即停止转舵。

如果主泵装有机械防反转装置（如防反转棘轮），也可不设主油路锁闭阀。

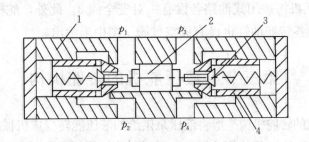

图 5-6　油路锁闭阀的结构原理图
1. 阀体　2. 控制活塞　3. 卸荷阀　4. 单向阀

（3）**工况选择**　主油路中设有四个连通阀 V_1、V_2、V_3、V_4，通常是开启，可使转舵油缸 C_1、C_3 和 C_2、C_4 各成一组，分别与主泵的两条油路相通。此外，两闭式系统主油路还分别设有旁通阀 V_{b1} 和 V_{b2}。四柱塞油缸的舵机可有以下三类工况：①单泵四缸工况——适于开阔水面正常航行。其最大扭矩等于公称转舵扭矩，转舵时间能满足规范要求。②双泵四缸工况——适于进出港或窄水道航行或其他要求快速转舵的场合，转舵速度约较单泵双缸快一倍，而转舵扭矩与上述工况相同。③单泵双缸工况——万一某缸漏油时采用，此时舵机能产生的最大转舵扭矩比四缸工作时减少50%。若航速未降低，必须避免大舵角操舵，否则工作油压可能超过最大工作油压，使安全阀开启。这种工况在安全阀 3 未开启的前提下，转舵速度约比单泵四缸快一倍。

本舵机的各种工况各阀启闭状况由表 5-1 表示。

表 5-1　泵控型舵机工况选择表

使用主泵	工作场合	油缸状态		连通阀状态		旁通阀状态		说　明
		C_1、C_3	C_2、C_4	V_1、V_2	V_3、V_4	V_{b1}	V_{b2}	
P_1、P_2	机动航行	使用	使用	开	开	关	关	额定转舵扭矩，转舵速度加倍
P_1	定速航行	使用	使用	开	开	关	关	额定转舵扭矩，额定转舵速度
P_2	定速航行	使用	使用	开	开	关	关	
P_1	应急操舵	使用	旁通	开	开	关	开	转舵扭矩减半，转舵速度加倍
P_2	应急操舵	旁通	使用	关	开	开	关	

（4）压力保护、补油、放气和舵角指示　本舵机的主泵置于油箱内，两个油口处都设有补油单向阀 1，压力降低时能从油箱中吸油补充。泵控型闭式系统也有的靠辅泵经单向阀向主泵两侧的主油路补油。

泵控型舵机每一闭式油路各设有一对安全阀 3。此外，舵柄上也设有舵角发讯器 4，各转舵油缸也设有放空气阀（图中未示出）。

第三节　液压舵机的转舵机构

液压舵机的转舵机构是指将液压泵供给的液压能转变成机械能，使舵杆和舵叶转动的转舵油缸及其传动机构。根据运动部件的运动方式不同，转舵机构分为往复式和回转式两类。前者采用往复式转舵油缸，主要有十字头式、拨叉式、滚轮式和摆缸式等；后者主要是转叶式，此外还有弧形柱塞式。

一、十字头式转舵机构

图 5-7 所示为十字头式四缸（两对）转舵机构。每个油缸 1 内设有柱塞 3，与每对柱塞外端的叉形头部组装在一起，以十字头轴承 6 支承十字头的一对耳轴 7。十字头把油压作用在柱塞上的力传递给可在十字头中部圆孔内滑动的舵柄 8，对舵杆 4 产生转舵力矩，使舵叶转动。舵转离中位后柱塞所受的侧向力经滑块 9 由导板 10 承受，以免柱塞与油缸间产生侧压力，从而改善油缸与柱塞密封件的工作条件，减轻其磨损。挡块 11 作为舵角的机械限位器，能在舵角超过最大舵角 $1.5° \pm 0.5°$ 时限制柱塞继续移动，这时油缸底部的空隙应不小于 10 mm。在导板的一侧有舵角指针 5。在每个油缸的上部还有放气阀 12。

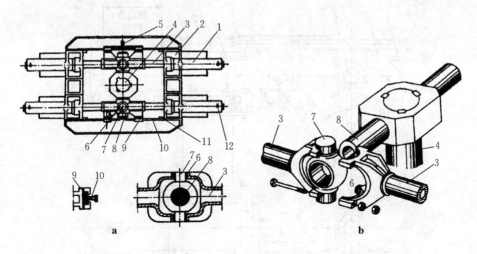

图 5-7 十字头式转舵机构

a. 十字头式四缸（两对）转舵结构 b. 十字头结构

1. 油缸 2. 底座 3. 柱塞 4. 舵杆 5. 舵角指针 6. 十字头轴承
7. 十字头耳轴 8. 舵柄 9. 滑块 10. 导板 11. 挡块 12. 放气阀

十字头式转舵机构的扭矩特性与舵的水动力矩的匹配性好，舵角增大时工作油压增加平缓，结构尺寸既定时可适用较大的公称转舵扭矩，而且有导板承受侧推力，油缸与柱塞间不承受径向力，密封更可靠，故较适合大转舵扭矩和高工作油压。但十字头、导板等结构复杂，使重量、尺寸增大，加工、安装、检修也比较麻烦。

二、拨叉式转舵机构

图 5-8 所示为四缸舵机的拨叉式转舵机构。两对油缸 8 中各有整根的柱塞 1，柱塞中部有柱塞销 3，其上、下两端套有免油润滑的滚柱轴承。柱塞移动时，滚柱轴承在舵柄端部的叉型滑槽的硬质钢板上滚动。柱塞外侧各设有平行的导杆 4，通过装在柱塞中部的导向架，承受转舵时的侧向力。油缸底端有用螺栓 9 固定的止动块 10，可限制柱塞行程。调节螺栓 9 可压紧止动块后面的铜垫 11 防止漏油。

拨叉式和十字头式都属于滑式转舵机构，扭矩特性相同。拨叉式结构比十字头式简单，尺寸也较小，公称转舵扭矩和最大工作油压相同时，占地面积可减少 10%～15%，重量相应减轻约 10%。目前除特大扭矩舵机外，已基本取代了十字头式。

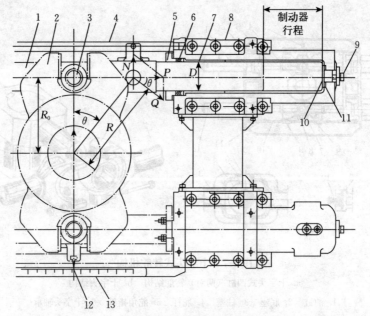

图 5-8 拨叉式转舵机构

1. 柱塞 2. 舵柄 3. 柱塞销 4. 导杆 5. 填料压盖 6. V 形密封圈
7. 衬套 8. 转舵油缸 9. 螺栓 10. 止动块 11. 铜垫 12. 指针 13. 舵角指示板

三、滚轮式转舵机构

如图 5-9 所示，滚轮式转舵机构用装在舵柄端部的滚轮代替滑式机构中的十字头或拨叉传递转舵动力，工作时受油压推动的柱塞以其头部端面直接顶动滚轮，迫使舵柄转动。

滚轮式转舵机构具有以下特点：①结构简单，布置灵活，安装、拆修比较方便；

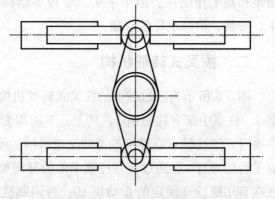

图 5-9 滚轮式转舵机构

②柱塞与舵柄的轮之间靠接触传动，工作时无侧推力，磨损后自动补偿，不会像滑式机构那样因轴承或滑块等磨损后间隙增大而产生撞击；③扭矩特性差，大、小舵角时的工作油压相差较大，与滑式相比，要达到同样的转舵扭矩，必须采用更大的结构尺寸或更高的工作油压，故可适用的转舵扭矩不如

滑式大；④当舵叶在负扭矩作用下转动过快，或稳舵时油路锁闭不严时，则滚轮可能与某侧柱塞脱离而导致撞击，故某些滚轮式转舵机构在滚轮与柱塞端部之间增设板簧拉紧机构。

四、摆缸式转舵机构

摆缸式转舵机构如图 5-10 所示。它的转舵油缸采用与支架铰接的双作用活塞式摆动油缸，活塞杆的伸缩直接推动与其铰接的舵柄转舵。为了适应油缸的摆动，连接油缸的油管必须采用高压软管。

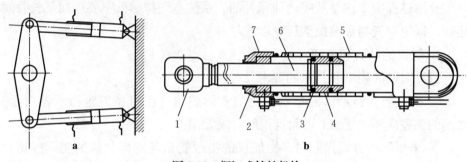

图 5-10 摆缸式转舵机构

a. 摆缸式转舵机构简图　b. 转舵油缸

1. 接头　2. 密封环　3. 活塞环　4. 活塞　5. 油缸　6. 活塞杆　7. 端盖

摆缸式转舵机构的主要特点是：①使用双作用油缸，故外形尺寸和重量可显著减小。②结构简单，拆装方便，油缸选用的数目和布置灵活。③双作用油缸对缸内表面的加工精度及活塞杆与油缸的同心度要求较高。活塞的密封磨损后内漏不易发现。此外，铰接处磨损较大时，工作中会出现撞击。④以奇数双作用缸工作时，油缸的进排油量显然不等；即使以图示的同侧双缸工作，两活塞的位移也略有差异，这会导致油缸进排油量不等。所以系统中必须采取相应的补油和溢油措施。⑤扭矩特性不佳，故除采用四缸的公称扭矩较大外，一般仅见于功率不大的舵机。

第四节　液压舵机的维护与管理

一、舵机的充油和调试

1. 舵机的充油

舵机安装完毕后，充油的操作步骤一般如下：

① 通过 200 目以上的滤器从转舵油缸上部向缸内加工作油，这时油缸上部的放气阀和通油缸的截止阀应开启，直至放气阀有连续油流出后将关闭，停止加油。

② 从工作油箱上部的通气口经滤器将工作油加入，使之达到油位计指示的高位。

③ 在机旁用应急操舵的方法操纵主油泵，以小流量轮流向两侧转舵至接近 30°，并反复开启油缸压力侧（柱塞伸出侧）的放气阀放气，直至柱塞运动平稳，无异常噪声为止。

充油过程中要注意及时向油箱补油。系统空气排尽前不要让油泵长时间运转，以免空气与油液搅混后难以放尽。

2. 舵机的试验和调整

（1）对舵的控制和指示的要求

① 电气舵角指示器的指示舵角与实际舵角（由机械舵角指示器指示）之间的偏差应不大于 ±1°，而且正舵时须无偏差。

② 采用随动方式操舵时，操舵仪的指示舵角与舵停住后的实际舵角之间的偏差应不大于 ±1°，而且正舵时须无偏差。

③ 无论舵处于任何位置，均不应有明显跑舵（稳舵时舵偏离所停舵角）现象。在台架试验中，当舵杆扭矩达到公称值时，往复式液压舵机的跑舵速度应不大于 0.5°/min。

④ 采用机械或液压方式操纵的舵机，滞舵（舵的转动滞后于操舵动作）时间应不大于 1 s，操舵手轮的空转不得超过半转，手轮上的最大操纵力应不大于 0.1 kN。

⑤ 电气和机械的舵角限位必须可靠。实际的限位舵角与规定值（最大舵角 ±1.5°）之差应不大于 ±30′。

（2）开航前的试舵　每次开航前，值班轮机员应到舵机间，会同驾驶台的值班驾驶员对舵机进行试验。试舵时，驾驶员在驾驶台遥控启动一套油泵机组，并先后从 0°起向两舷进行 5°、15°、25°、35°的遥控操舵，判断舵机及其遥控系统工作是否可靠，舵角指示器指示是否正确，然后换用另一套油泵机组作同样的试验。备用遥控系统也应进行试验。

（3）舵角的调整　试舵时如发现实际舵角与操舵仪指令舵角偏差大于 ±1°，须查明原因并予以纠正，必要时对控制系统进行调整。随动舵控制系统的调整可分为零位调节和放大比例环节（或机械传动比）的调节。

对于不设机械追随机构的电气遥控系统，应首先检查和调整操舵信号发送、传递和舵角反馈系统的各个环节，使舵轮在零位时，操舵仪的输出信号为零；在实际舵角为零时，使舵角反馈信号为零；而且在舵轮、实际舵角均在零位时，力矩马达或电磁阀接收的信号为零。然后必要时对控制、反馈信号的放大比例等环节进行调整，使在各个操舵角时舵能停在与操舵仪指令舵角相一致的位置。

对于有机械追随机构的电气遥控系统，应首先对其进行调整，然后再按上述原则对电气控制系统进行调整。

(4) 安全阀的试验和调整 舵机出厂前安全阀已经调定。舵机安装完毕、大修后或必要时，安全阀也应进行实船试验，如整定压力不符合要求，应重新调整。

液压舵机安全阀调整步骤如下：

① 启动一台油泵，移开舵机控制机构的操舵角限制元件，机旁控制向一舷操舵。如油泵为变量泵，当舵叶接近限制舵角时，应尽量使油泵以小流量工作。

② 当舵受到转舵机构上机械舵角限制器的限制时，油泵的排出压力将升高。在达到调定压力时，安全阀即应开启。

③ 使泵的排量保持接近设计值的 1/2，观察压力表的读数。如压力表读数与安全阀要求的调定压力不符，则应按要求值重调。

④ 向另一舷转舵，以同样的方法调整另一侧的安全阀。

调试过程中，必须注意防止系统的油压超过耐压试验的数值。安全阀每次开启时间不宜超过 30 s。安全阀的调整应在船检人员和轮机长在场的情况下进行。

二、舵机日常管理注意事项

正确的日常维护管理对于工作可靠性和延长舵机的无故障寿命至关重要，必须依照使用说明书的要求严格执行，不可因为舵机工作正常而放松对其的维护管理。除了进行定期的维护外，日常管理中应注意以下事项。

1. 舵机的工作环境

舵机间应该保持清洁、干燥和合适的温度，以防止机械、电器元件过快锈蚀、过热等造成损坏，保证设备的工作性能，并为管理人员提供有利的工作环境。冬季注意保温，夏季和潮湿季节应注意适当通风。

2. 连接、锁紧件的紧固与设备清洁

随时检查固定螺栓、管路连接螺栓、传动连接杆件的调节锁紧螺母等的紧固情况。保持舵机设备清洁，随时清除设备表面的油污、凝水水滴和其他污渍，以便于观察设备的漏泄及过热痕迹。特别是裸露金属面，更应经常清洁并涂布润滑脂，以防锈蚀。

3. 油箱油位

液压泵工作油箱和补油箱的油位应保持在油位计的 2/3 高度左右。油位增高表明油中混入过多气泡或油冷却器漏水，油位降低则表明系统漏油，都应及时查明修复。

4. 设备和液压油工作温度

泵与电机等机电设备不应有过热现象，否则应立即查明原因，予以消除。泵轴承部位的温度比油温高 10～20 ℃为正常。最合适的工作油温是 30～50 ℃，高于 50 ℃时应使用油冷却器。工作油温一般应不超过 60 ℃，超过 70 ℃时一般应停止工作，查明原因，加以解决。

5. 工作油压

小舵角时主泵的排出侧油压远低于额定工作油压，大舵角时也不应高于额定工作油压，否则说明舵机超负荷。主泵的吸入油压应不低于由补油条件（闭式系统）或吸入条件（开式系统）所确定的正常数值。辅助油路中各处油压应符合设计要求。指示仪表应保持完好准确，不检查时可关闭压力表阀。

6. 油液的清洁与过滤

平时应注意滤器前后的压差，按要求及时清洗或更换滤芯。应注意滤出物的属性及增长情况，以判断其来源，预测系统可能出现的故障。初次使用或系统大修后的舵机，更要注意及时清洗滤器。定期取样化验系统油液污染情况，对污染严重或变质的油液一定要及时更换。为使油样真实，应在油液呈充分流动的状态下取样，取样前应对采样阀门和接管进行冲洗。要保持油箱加油口或透气口处滤器的完好，充入或补入系统的新油应严格过滤，防止外界杂质进入系统。

7. 润滑

油缸柱塞或活塞杆的暴露表面应保持清洁，并浇涂适量工作油，以减少杂质经挡尘圈和密封圈进入系统的机会，降低对柱塞表面和密封圈的磨损。长期停用时，这些表面应涂布润滑脂防锈。要注意对各传动杆件的铰接点、手动操纵螺杆及其轴承、舵杆轴承、舵柄传动摩擦件（如拨叉、滚轮或滑块）和导向面等处定期加注润滑脂，保持良好润滑。如设有油杯，应及时补充润滑油（脂），油杯中的油芯绳应定期用煤油或苏打水清洗，或者换新，保持通透性。

8. 漏泄

舵杆填料不应漏水，如发现漏泄可适当均匀上紧压盖，或在船舶空载时换新填料。舵杆填料的顽固性漏泄往往是由于舵杆轴承径向支承损坏所致，一有机会就应及时修复。油箱、油缸、阀件、油管及接头等处不应漏油。油缸填料处出现漏泄，若少量调紧压盖不能消除，应及时换新 V 形密封圈。更换时拆开压盖，用专用工具取出压环和填料，或者借用手摇泵或主油泵小排量建立一定油压，慢慢挤出密封圈。安装时垫圈、各道密封圈和压环要安放妥帖，不得歪扭，压盖要均匀适度上紧。操作时注意不要划伤密封圈和柱塞表面。柱塞表面的划痕可用细油石或研磨膏打磨光滑，如有较深的划痕，特别是纵向划痕，应送厂修复。

9. 振动与噪声

舵机应运转平稳、安静。如有异常应即查明原因，设法处理。

10. 电气设备

定期检查电气设备的绝缘，检查和清洁触头、换向器，检查和防止各接头松动，及时更换损坏的按钮、开关等元件，保持电气设备、仪表、指示灯和照明完好。

三、舵机的常见故障分析

对于发生部位或原因不明的故障，应首先查看舵机油泵的运转情况，必要时换用备用泵试验，并通过机旁应急操舵判断故障可能存在的大体范围，然后进行认真分析和相应检查，找出故障的确实原因，及时予以排除。对于遥控系统和电气系统的故障，也应采取分段检查判断的方法，予以查找排除。下面对常见故障及可能原因予以简单介绍。

1. 舵不能转动

（1）遥控系统失灵，但油泵运转正常，机旁操舵正常　若是电气遥控系统出现故障，可能是电源故障、保险丝熔断、触头或连接接触不良、电气元件（如电磁阀线圈、力矩马达、自整角机）损坏等。还可能是舵机间电气遥控系统的受动元件或机构故障，如电磁阀阀芯卡阻、传动销（轴）松脱等。

如果有液压伺服系统，也可能出现故障，如辅泵损坏、伺服油缸旁通、溢流阀不能关闭、油箱液位过低、换向阀损坏、电气元件失灵等。

（2）主泵供油异常，但遥控系统正常，操舵时油压变化不正常　主泵不供油，遥控系统信号发送、传递、接收和执行元件动作正常，但操舵时无油压变化或油压变化不明显。换用备用泵一般正常（两泵同时发生故障的可能性很小）。

若泵不能启动可能是转动受阻（可盘车检查），或是电路故障。

若泵转动但无油压，可能是泵损坏；阀控型开式系统也可能是油箱油位过低或吸入侧堵塞；泵控型系统可能是主泵变量机构卡阻、控制油路故障、控制电磁阀或控制电机故障、控制连接杆件松脱、储存弹簧折断或张力不足等。

（3）主油路故障，操舵时油压变化不正常　如油压高于正常值，使安全阀开启，可能是舵机负荷过大，或主油路不通（泵阀、缸阀、锁闭阀未开）。如油压低于正常值，可能是备用泵锁闭阀关闭不严而反转，或阀控系统换向阀控制失灵、卡在中位、卸荷阀不能关闭等。如果旁通阀、安全阀开启压力过低或关闭不严，那么舵转至某一舵角，系统油压升高到一定程度时，泵的供油全部漏泄旁通，会无法实现更大舵角操舵。

2. 只能单向转舵

（1）遥控系统只能单向动作，但改用机旁操舵则正常　这是因为电气遥控系统只能给出单向操舵信号，如控制电磁阀一端线圈损坏，或伺服油缸单向严重漏泄。

（2）变量泵只能单向排油，但换用备用泵一般正常　这往往是泵的变量机构某一方向运动受阻。

（3）主油路单方向不通或旁通　可能是主油路某侧安全阀开启压力过低，或主油路锁闭阀单向不能开启。

3. 转舵速度慢

（1）遥控系统控制不当，但机旁操舵正常　例如，力矩马达输出力矩不足、泵最大排量限位过小、液压伺服系统辅泵流量太小或调速阀调节得过小、伺服油缸漏油等使伺服油缸运动速度不够等。

（2）主泵流量太小　可能是过度磨损造成泵内漏泄严重，或者泵局部损坏所致；也可能是泵转速不足。此外，油中混有较多气泡或油箱油位低，也会引起泵流量减少。

（3）主油路有旁通或漏泄　安全阀、旁通阀关闭不严，换向阀、锁闭阀、隔离阀内部漏泄，双作用往复油缸内部漏泄等。

4. 滞舵（舵的转动明显滞后于操舵动作）

① 遥控系统响应迟滞，例如，液压伺服系统混入空气、液动主换向阀控制腔的回油缓冲节流口部分堵塞或开度过小等。

② 主油路中混有较多气体，即使机旁操舵滞舵现象也不会消除，从系统中（高于大气压力处）可放出气体。

系统内空气来源可能有：充液或检修后放气不彻底，或工作油箱液位过低或补油压力太低，以及泵吸入气体，或从系统漏泄处或油缸密封处吸入空气。

③ 泵控型系统主油路内部漏泄或旁通较严重。泵刚开始小流量排油时，舵便可能不动或动得很慢。

5. 冲舵（舵转到指令舵角不停）

① 电气遥控系统故障，不能及时正确传递反馈信号。如相敏整流放大环节失调，电气元件故障；反馈环节失调，连接杆件或接线松动，元件损坏等。

② 伺服系统换向阀卡阻不能及时回中。换向阀卡阻，伺服油缸活塞跑位（漏泄、锁闭不严）。

③ 泵变量机构不能及时回中。例如，控制杆卡阻、连接间隙大，变量活塞或机构不能及时回中。

④ 阀控型系统中液动换向主阀不能及时回中。例如，阀芯卡阻或控制腔的回油缓冲节流口部分堵塞、开度过小等。

如果上述四种故障的严重程度由"不能及时"发展为"不能"，那么，舵将转动不停，一直"冲"到顶住机械舵角限位器为止。

⑤ 转舵油缸锁闭不严。在转舵惯性大，特别是负扭矩时，也可能发生一定程度的冲舵。

⑥ 油缸内存在较多空气，停止进油后，因高压侧气体膨胀、低压侧气体压缩而冲舵。

冲舵发生后，如果舵角反馈机构最终仍能反馈舵角信号，那么舵机将产生"振荡"，使舵叶在指令舵角附近左右摇摆。

6. 跑舵（稳舵时舵偏离所停舵角）

多因主油路锁闭不严引起，也可能是控制系统工作不稳定引起，如电接触不良等。

7. 舵机有异常噪声及振动

① 液流噪声，如系统内空气的压缩、膨胀或在流经节流口时产生噪声，引起振动；系统内局部低压产生气穴，或吸入滤器堵塞使泵吸入不良、油温过低等也能产生噪声。

② 液压阀噪声，如安全阀的敲击、油路锁闭阀或液动换向阀因调整不当而动作过快产生敲击。

③ 泵机组异常振动或噪声，可能是地脚螺栓松动、泵与电机对中不良、联轴节损坏、轴承或泵内部件损坏引起的。

④ 管路或其他部件固定不牢。

⑤ 转舵油缸填料过紧。

⑥ 舵杆轴承磨损或润滑不良。

第六章 锚　　机

第一节　锚机应满足的要求

在正常气候条件下，船锚泊时抛出的锚链长度一般为水深的 2~4 倍，借助锚对水底的抓力、锚链与水底的移动阻力和锚链的重力来对抗风、流等外力，保持船舶定位。起锚过程锚机拉力负荷是不断变化的。起单锚的最大拉力通常发生在拔锚破土时。规范规定抛锚深度不超过 80 m 时，锚机还应在单锚破土后能绞起双锚；在抛锚深度超过 60 m 时，最大负荷可能出现在绞起双锚时。

锚机工作时负荷变化很大，电动锚机通常采用双速或三速交流异步电动机；而液压锚机常采用有级变量液压马达来限制功率，也可采用恒功率的液压泵或液压马达。

一、锚机应满足的要求

① 必须由独立的原动机或电动机驱动。对于液压锚机，其液压管路如果和其他甲板机械的管路连接时，应保证锚机的正常工作不受影响。

② 在船上试验时，锚机应能以平均速度不小于 9 m/min（此为锚机的公称速度）将单锚从水深 82.5 m 处（三节锚链入水）拉起至 27.5 m（一节锚链入水处）。

③ 在满足公称速度和工作负载时，应能连续工作 30 min；应能在过载拉力（不小于 1.5 倍额定拉力）作用下连续工作 2 min，此时不要求速度。

④ 所有动力操纵的锚机均应能倒转。

⑤ 链轮与驱动轴之间应装有离合器，离合器应有可靠的锁紧装置；链轮或卷筒装有可靠的制动器，制动器刹紧后应能承受锚链断裂负荷 45% 的静拉力；锚链必须装设有效的止链器。止链器应能承受相当于锚链的试验负荷。

⑥ 液压锚机的系统和所有受压部件应进行液压试验。液压泵试验压力为 1.5 倍最大工作压力（但不必超过最大工作压力加 6.9 MPa）；系统和其他

受压部件试验压力为 1.25 倍设计压力（但不必超过设计压力加 6.9 MPa）。

二、我国相关规范对锚机的检查性试验要求

1. 空载运转试验

电动锚机以高速挡正倒车空载连续运转各 15 min，在 30 min 内做 25 次启动，其他挡次正倒车各运行 5 min。液压锚机正倒车空载全速运转 1 h。试验正倒车，每隔 3～4 min 变换 1 次。检查运转情况是否正常，包括有无外漏、发热、异常声响。电气系统热态绝缘电阻不小于 2 MΩ。检查锚链轮制动器、离合器动作应正确可靠。应急切断和应急接通电路装置动作应可靠。

2. 负载试验

锚机以公称速度在额定负载下进行 30 min 运转试验。在过载拉力下进行连续 2 min 过载性能试验，不规定速度，但电动机用额定转速。原动机控制制动器和锚链轮制动器必须符合规定要求。对卷筒，以 100%、125% 卷筒负载进行负载试验，并按要求进行卷筒制动器静负载试验。试验中检查工作是否正常，包括电动机的电流、电压、温升和转速，液压马达的油压、油温和转速，以及起锚和系缆的速度。若装有安全离合器，须按设计要求单独试验。

3. 抛锚、起锚试验

脱开离合器，将每个锚分别抛出。下抛时锚链轮制动器作刹车 2～3 次，然后将锚升起。作 2～3 次停止、再启动。检查各设备应正常、可靠。

4. 航行锚泊试验

试验水域的深度海船 82.5～90 m。每个锚单独进行抛锚、起锚试验。机动抛锚，主锚没入水下后手动控制抛锚。抛出半节锚链时用制动器刹车，允许锚链滑移不超过 2 m；再抛 1 节后刹车，允许锚链滑移 3～4 m；再抛 1 节后刹车，允许锚链滑移 4～5 m。

起锚时，应在锚链处于自由悬挂状态下测量起锚公称速度。

第二节　锚机的种类、组成及工作原理

一、锚机的种类、组成

锚设备在船首的布置如图 6-1 所示，它主要由锚 1、锚链 5、止链器 3 和锚机 6 所组成。锚机是用来收放锚和锚链的机械。根据所用动力不同，现今主要有电动锚机和液压锚机。按链轮轴线布置的方向不同，又有卧式和立式之分。

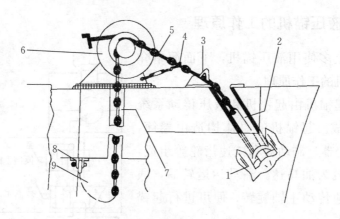

图 6-1 锚设备在船首的布置

1. 锚 2. 锚链筒 3. 止链器 4. 掣链钩 5. 锚链 6. 锚机

7. 锚链管 8. 弃锚器 9. 锚链舱

锚机通常同时设有可用于绞缆的卷筒。图 6-2 所示电动锚机的结构图。原动机 1（图示为电动机）通过蜗轮减速器 3 转动绞缆卷筒 5，再通过齿轮减速转动锚链轮 4。绞缆时可借手柄 7 使锚链轮的牙嵌式离合器 6 脱开。起锚和抛锚时可将离合器合上，也可脱开离合器，靠锚链自重进行抛锚。用刹车手柄 2 可收紧刹车带，实现限速和制动。

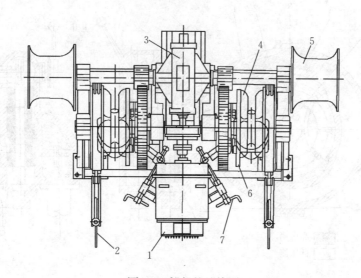

图 6-2 锚机的结构图

1. 电动机 2. 带式刹车手柄 3. 蜗轮减速器 4. 锚链轮

5. 绞缆卷筒 6. 牙嵌离合器 7. 离合器手柄

二、液压锚机的工作原理

渔船上多使用液压锚机，下面简单介绍液压锚机的工作原理。

液压起锚机由起锚机和液压传动系统两部分组成。起锚机的总体构造由卷筒、链轮、离合器、制动器和减速齿轮等组成，驱动原动机为油马达。油马达运转后，通过齿轮减速传动主轴旋转，便可进行起锚或绞缆工作。

通过操纵阀可操纵油马达正转、倒转、停转及适应外界负荷变化的需要。液压原理图如图 6-3 所示。

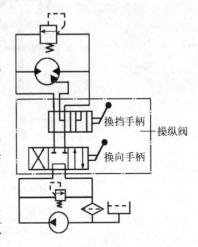

图 6-3　液压锚机的液压工作原理

1. 正转

如图 6-4 所示。推动换向手柄 8，使换向阀 10 处于最高位置。油泵来油便顶开单向阀 12，经换向阀 10 和换挡阀 11 上部，从油道 A 和 B 进入油马达，推动油马达运转进行起锚工作。做功后的压力油由油道 C 和换挡阀与

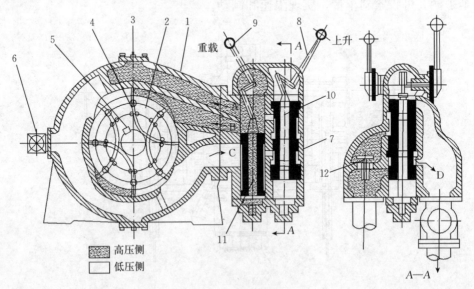

图 6-4　液压起锚机正转工况原理图

1. 油马达定子　2. 转子　3. 叶片　4. 弧形顶杆　5. 轴　6. 油马达安全阀　7. 操纵阀壳
8. 换向阀手柄　9. 换挡阀手柄　10. 换向阀　11. 换挡阀　12. 单向阀　A、B、C. 油道　D. 旁通孔

换向阀的下部油槽，经旁通孔 D 流回油泵吸入口。这时因压力油同时从 A、B 两油道进入油马达的两个油腔工作，故为重载低速工况。如果操纵换挡手柄 9，使换挡阀向上移动并遮住油道，则油泵排出的压力油只可经油道 A 进入油马达，即这时油马达只有一个油腔工作，此时即为轻载高速工况。在这两种工况下，如果再在一定的范围内调节换向阀的位置，以改变旁通孔口的开启度，控制流经旁通孔的油液流量，便可进一步对油马达的转速实现无级调速。

操纵阀中设置了单向阀 12，当系统油压一旦突然降低，由于油液不能反向回流，油马达处于停止状态，故可防止收绞的载荷因重力作用而跌落或者使绞索松脱。

2. 倒转

如图 6-5 所示，如果扳动换向手柄 8，使换向阀 10 处于最低位置。压力油顶开单向阀 12 后，经换向阀和换挡阀上的油槽，将从油道 C 进入油马达。在压力油作用下，油马达即按相反方向旋转，由此可进行动力辅助抛锚。回油则从油道 A、B 经换向阀和换挡阀上方返回油泵吸入口。由于 A、B 口两油腔同时排油，故这时为重载低速工况。如使换挡阀向上移动，使油道 C

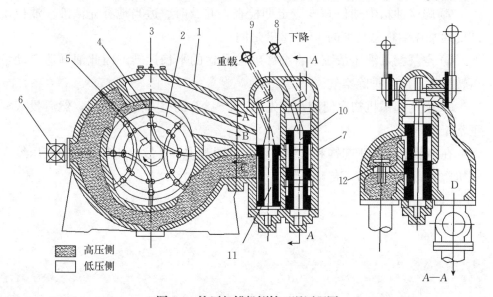

图 6-5 液压起锚机倒转工况原理图

1. 油马达定子　2. 转子　3. 叶片　4. 弧形顶杆　5. 轴　6. 油马达安全阀

7. 操纵阀壳　8. 换向阀手柄　9. 换挡阀手柄　10. 换向阀　11. 换挡阀

12. 单向阀　A、B、C. 油道　D. 旁通孔

和 B 同时开启。由于 B 腔中的叶片两侧压力平衡，无力矩产生，故此时便为轻载高速工况。与正转时相同，如再进一步调整换向阀的位置，以控制回油的流量，便可无级调节油马达的转速。

3. 停转

如将换向阀 10 置于中间位置，由于换向阀下部油槽与旁通孔 D 连通，油泵来油经旁通孔直接返回泵的吸入口。系统不能形成足够的压力，单向阀 12 处于关闭状态。油马达中因无压力油进入而停止转动。

第三节　锚机的维护与管理

液压起锚机对其液压系统的使用维护与管理应注意如下事项：

① 系统中所用的液压油应符合质量要求，且清洁、无杂质，以防液压元件严重磨损，缩短使用寿命或酿成故障。所用油料多为 30 号或 46 号液压油。使用一段时间后，如油质下降不符合技术要求，应及时更换新油。

② 磁性过滤器应经常检查和清洗，以确保其过滤性能。

③ 液压系统各接合面应保持严密不漏，以防油液外泄和空气渗入。

④ 膨胀油箱中油位高度应定期检查，并及时、适当地补充油液。油位高度通常在油箱总高度的 1/3～2/3 之间。

⑤ 空气漏入液压系统，将会影响油马达的平稳运转，因此油马达启动运转初始，应予排除空气。

⑥ 液压起锚机初次使用，应先经过 2～3 h 的空车磨合运转，然后投入正常工作。

在渔船上，由于起锚和起缆一般不会同时进行，故液压起锚机与液压绞纲机常共用同一个液压传动系统。

第七章 捕捞机械

第一节 捕捞机械的分类、要求和功用

一、捕捞机械的分类

捕捞机械是指捕捞作业中用于操作渔具的机械设备。捕捞机械按捕捞方式可分拖网、围网、刺网、地曳网、敷网、钓捕等机械；按工作特点则可分为渔用绞机、渔具绞机和捕捞辅助机械 3 类。图 7-1 所示为鱿钓机械和延绳钓机械。

图 7-1 鱿钓机械和延绳钓机械

a. 鱿钓机械　b. 延绳钓机械

二、捕捞机械的要求

捕捞机械要求结构牢固，能在风浪或冰雪条件下作业，可经受振动或交变冲击；具有防超载装置，能消除捕捞作业中的超载现象；操纵灵活方便，能适应经常启动、换向、调速、制动等多变工况的要求及实现集中控制或遥控；防腐蚀性能较强。

三、捕捞机械的功用

1. 渔用绞机

又称绞纲机，牵引和卷扬渔具纲绳的机械。除绞网具的纲绳外，还可用于吊网卸鱼及其他作业。功率一般为几十至数百千瓦，高的达 1 000 kW 以上。绞速较高，通常为 60～120 m/min。一般为单卷筒或双卷筒结构，有的有 3～8 个卷筒。纲绳在卷筒上多层卷绕，常达 10～20 层。机上广泛应用排绳器。放纲绳时卷筒能随纲绳快速放出而高速旋转，不用动力驱动。

2. 渔具绞机

直接绞收渔具的机械，功率一般为几千瓦至数十千瓦。主要有 3 类：

（1）起网机　将渔网从水中起到船上或岸上的机械。根据工作原理有摩擦式、挤压摩擦式和夹紧式 3 种。在地曳网、流刺网、定置网、围网和部分拖网作业中使用。

（2）卷网机　能将全部或部分网具进行绞收、储存并放出的机械。在小型围网、流刺网、地曳网及中层拖网与底拖网作业中使用。

（3）起钓机械　将钓线或钓竿起到船上达到取鱼目的的机械，在延绳钓、曳绳钓、竿钓作业中使用。自动钓机可自动进行放线钓鱼和摘鱼等。

3. 捕捞辅助机械

种类繁多，主要分为 3 类。

（1）辅助绞机　以起重为主或参与渔具次要操作的绞机，作用单一、转速慢、功率较低（大型专用起重机除外）。常以用途命名，如放网绞机、吊网绞机、三角抄网绞机、理网机移位绞机、舷外支架移位机等。

（2）网具捕捞辅助机械　如理网机是用于将起到船上的围网或流刺网网衣顺序堆放在甲板上；振网机是用于将刺入刺网网具中的渔获物振落；抄鱼机是用于将围网中的鱼用瓢形小网抄出；打桩机是用于将桩头打入水底以固定网具。

（3）**钓具捕捞辅助机械** 主要在金枪鱼延绳钓作业上使用，有放线机、卷线机和理线机等。

第二节 拖网捕捞机械

拖网捕捞机械是指捕捞作业中操作拖网渔具的各种机械的总称。

一、种类

拖网捕捞机械主要包括拖网绞机、卷网机和辅助绞机 3 类。

1. 拖网绞机

主要用于牵引、卷扬拖网上的曳纲和手纲。其特点是绞收速度快、拉力大。绞收速度快可缩短起网时间，提高捕捞效益；拉力大可克服绞纲阻力。

绞机由卷筒、离合器、制动器、排绳器等组成。由内燃机、电动机或油马达输出的动力，经离合器接合，使可容纳数百至数千米曳纲的卷筒转动。通过制动器对卷筒进行半抱闸或全抱闸，以调整卷筒转速，维持曳纲张力，使网板和网形能在水域中正常张开；或迫使卷筒停转，使拖网随渔船的拖曳而在水域中移动。排绳器能使曳纲在卷筒上均匀顺序排列堆叠。有的绞机的主轴端部还装有摩擦鼓轮或副卷筒，进行牵引网具、吊网和卸鱼等作业。此外，绞机还应具有防止超载、超速、机旁控制、船尾远距离控制和驾驶室或操纵室控制等装置。拖网绞机按所拥有的卷筒数量可分为双卷筒、单卷筒和多卷筒绞机。前两种是普遍采用的形式。

（1）**双卷筒绞机** 结构形式有单轴双卷筒和双轴双卷筒之分。当卷绕的曳纲由直径不同的绳索组成时，借卷筒变速装置或手动操纵可实现双速排绳。

（2）**单卷筒绞机** 又称分离式绞机。两台绞机成对进行工作。小型拖网渔船用于收放、储存曳纲和手纲。大、中型渔船设 2 台曳纲绞机和 2 台手纲绞机。有的船设 4 台手纲绞机，可实现 2 顶拖网轮流放网捕捞的双网作业。

（3）**多卷筒绞机** 属大型绞机，卷筒数量 5~8 个，一机多用，机械性能较好。如四轴七卷筒拖网绞机，主轴 2 个卷筒绞收曳纲的总拉力及速度为 30 t×120 m/min，可分别储存直径 34 mm 的钢丝绳曳纲 5 500 m；中间轴上的两个卷筒用以绞收手纲，其拉力和速度各为 15 t×40 m/min；传动轴上的 3 个卷筒用于吊网卸鱼，单个卷筒通过滑轮组一次可吊重 60 t×40 m/min，三卷筒最高可吊卸渔获物 180 t。八卷筒绞机通常由曳纲、手纲、牵引网具和吊网卸鱼卷筒各 2 个组成。

此外，中国和日本在东海、黄海作业的双拖渔船采用绞机与卷纲机配成机组绞收曳纲，每船安装两组。绞机结构简单，主要是一个摩擦鼓轮，曳纲在鼓轮表面卷绕数圈后，由卷纲机靠其摩擦力绞拉。绞纲时由于绞拉直径不变，可实现等扭矩工作。卷纲机结构与单卷筒绞机基本相同，卷筒工作速度需稍高于绞机以保持拉力，由于拉力很小，所需功率仅为绞机的十分之一。绞纲机组分散安装，便于船上布置。

2. 拖网卷网机

用以卷绕整顶底拖网或中层拖网而起网并将网储存的机械。也有单纯卷绕拖网网袖的，称网袖绞机。卷网机主要由卷筒、离合器、制动器及动力装置等组成。具有省力、省时、安全、甲板简洁等优点，但补网与调整网具较不便。根据卷筒结构可分为直筒式和阶梯筒式两种：

（1）**直筒式卷网机** 中间为光滑的圆筒体，两端为大直径的侧板。中国在 20 世纪 50 年代已使用，卷筒底径 350 mm，侧板外径 1 500 mm，长近 6 m，容网量 6 m³，能卷绕 100 m 长的双拖网。用于 30～45 m 长的拖网渔船上。

（2）**阶梯筒式卷网机** 筒身中间大两边小，两端为大直径侧板。有的在筒身两阶梯处设大直径隔板。两侧用于卷手纲、中间用于卷网。卷筒底径 240～900 mm，容网量大型的 9～16 m³，中型的为 7～9 m³，小型的在 7 m³ 以下，大、中型卷网机底径拉力 8～35 t，有的已达 52 t。速度为 13～48.5 m/min，功率从数十千瓦至 200 多千瓦。

3. 辅助绞机

配合拖网捕捞机械化的其他绞机的总称。小型拖网渔船只有辅助绞机 1 台，用于吊网卸鱼等各种辅助作业。大型拖网渔船针对各种作业设专用绞机，有手纲绞机、牵引绞机、吊网卸鱼绞机、晒网绞机、放网绞机，有的尚有网位仪绞机、下纲滚轮绞机和下纲投放机等。绞机一般为单卷筒，有离合器、制动器等。卷筒较小，容绳量大多不超过 100 m，绞收速度 60 m/min 以下。功率通常为数十千瓦。

4. 驱动方式

有机械、液压、电动 3 种。早期采用机械传动，功率小、性能差，20 世纪 50 年代以来已较少使用。从 60 年代后期开始，液压传动已占主导地位，并向中高压发展，使用压力多为 140～240 bar。它具有体积小、重量轻、能防过载、易控制和可无级调速等优点。电传动效率高、传输方便、易于控制、电动机单机功率大，在 60 年代前期占主导地位，目前 3 000 t 以上的大型拖网渔船因绞机多、单机功率大，故仍普遍采用。

二、发展趋势

拖网绞机正向单卷筒、多机发展，新型绞机一般装有曳纲张力长度自动控制装置，超载时可自动放出，并能进行减速控制；张力过小时能自动收进；两曳纲受力不等时能自动调整，保证曳纲等长同步工作，并可预定曳纲放出长度和绞纲终止长度，以实现自动起放网。辅助绞机正日趋专用化。驱动方式大多向中高压液压传动发展。全船各种捕捞机械的控制采用集中遥控和机侧遥控相结合方式，并开始采用电子计算机程序控制。

第三节　围网捕捞机械

围网捕捞机械是指用于起、放围网渔具的机械。可分为绞纲、起网和辅助机械 3 类。一般围网渔船上所配备的围网机械由数台至 20 余台单机组成。其数量和配置由渔船大小、网具规格、作业方式、渔场条件和机械化程度等决定。传动方式可分为电力传动和液压传动；控制方式有机侧控制、集中控制和遥控。因液压传动可无级变速，操纵方便，防过载性能好，故 20 世纪 60 年代以来被广泛采用。

一、绞纲机械

主要用于收、放围网的纲绳，或通过绞收钢索完成某种捕捞动作。按用途主要有括纲绞机、跑纲绞机、网头绳绞机、束纲绞机、变幅理网绞机、理网移位绞机、斜桁支索绞机、浮子纲绞机、抄网绞机等 10 余种。其中括纲绞机使用最为广泛。该机也称围网绞机，主要用于收、放围网括纲，其基本结构与拖网绞机类似。结构形式有单轴单卷筒、单轴双卷筒、双轴双卷筒、双轴多卷筒等多种，以采用双轴双卷筒绞机居多。操作时由原动机驱动卷筒主轴，通过离合器使卷筒运转。卷筒上设有制动器。对容绳量大的绞机，还装有排绳器。中国的围网渔船主要采用 2 台单轴单卷筒括纲绞机或 1 台单轴双卷筒括纲绞机。机上设有过载保护装置，以抵御由网船的升沉和摇摆引起的频繁冲击载荷。

二、起网机械

起收并整理围网网衣的专用机械，有集束型和平展型两类。

1. 集束型起网机

主要用于起收、整理网长方向的网衣。有悬挂式和落地式两种。

悬挂式起网机又称动力滑车，是最早应用的围网起网机械之一，具有体积小、重量轻、使用方便等优点。主要由原动机、传动（减速）机构、V形槽轮和护板吊架等组成。V形槽轮是动力滑车的关键部件，槽轮上的楔止力、包角和表面摩擦阻尼综合构成起网摩擦力。动力滑车悬挂于理网吊杆的顶部，一般在甲板上方8～10 m，甚至超过20多米处，起网拉力一般为2～8 t，起网速度为12～20 m/min，适于尾甲板作业的围网渔船使用。如在动力滑车的基础上增加一台理网滑车，可专门用以整理起收上来的网衣。

落地式起网机有多种形式：

① 三鼓轮起网机，又称阿巴斯起网机组。由起网鼓轮、导网鼓轮、理网鼓轮及理网吊杆组成。起网鼓轮装在放网舷（右舷），船的中部甲板上，理网机悬挂在船尾网舱部位的理网吊杆上。导网鼓轮及网槽设在两者之间，形成船中起网、船尾理网的三鼓轮作业线。起网鼓轮除V形槽轮和支座外，增设了水平回转机构，可在140°范围内调整槽轮的进网角，并可在70°范围内调整槽轮两侧板的俯仰角度，以调整浮子纲和沉子纲及其网衣的起收速度。通过导网鼓轮，增加了起网包角，从而增加起网摩擦力，降低起网作用力点，减少了船舶倾覆力矩。该机适用于舷侧起网，起网拉力为2～6 t，绞收速度为30～40 m/min。

② 船尾起网机组。由附装在横移机构上的起网机、导网卷筒、理网滑车和理网吊杆组成。在船尾部位形成一条起网—理网作业线。横移机构为导轨螺杆式，由动力驱动。起网机的工作部件——V形轮槽不设俯仰机构，故不能调整浮子纲和沉子纲及网衣的起收速度。由于起网作用力点更低，又相应地增加了起网包角，能在较大风浪条件下作业。但船尾的升沉幅度较大，因而增大了起网动载荷，故往往要借助人力起收浮子纲。名义拉力通常为10～20 t。

③ 三滚筒式起网机。适用于船中起网。起网工作部件由三个轴线平行的圆柱滚筒组成。设有机座水平回转机构和滚筒俯仰机构。由于"三滚筒"增加了起网包角，网衣不易打滑，起网效率较高。起网时，网束在滚筒间呈扁平状通

过，网衣各部位的起收速度比较均匀，能较满意地起收网衣。但该机对冲击载荷缺乏缓冲作用，要求有足够的机械强度和刚性。起网拉力为2～15 t。

2. 平展型起网机

主要用于起收取鱼部网高方向的网衣。有舷边滚筒、夹持式V形起网机等。基本工作原理是利用摩擦力逐步将展开的取鱼部网衣起收到甲板上，以收小网兜，便于捞鱼。

（1）舷边滚筒 有起倒式、固定式和顶伸式3种，以前2种使用较多。通常在网船起网舷设置3组，其中2组为起倒式，装于船中部，不用时可倒伏并收拢于舷樯内侧，不致影响甲板过道；起倒机构采用回转主轴带动滚筒支架的形式。1组为固定式，装于船尾，由2～3只约2 m长外敷橡胶的起网滚筒串接在一起，由原动机驱动。舷边滚筒全长18 m左右，起网时，网衣靠人力拉紧并随滚筒旋转而起收。其组成长度可根据需要调整。

（2）夹持式V形起网机 由一对充气的橡胶圆筒构成V形，装于船中部的专用吊杆上，可随吊杆移动。原动机通过传动机构使滚筒作相对运转，部分网衣夹在两滚筒的夹角中间，由液压调整两滚筒的夹角，改变对网衣的正压力，达到摩擦起网的目的。该机常与舷边滚筒配套使用。

三、辅助机械

用于进行围网捕捞的某些辅助作业，有底环起倒架、底环解环机、鱼泵专用吊机、渔艇绞机、放灯绞机等。

第四节　流刺网捕捞机械

流刺网捕捞机械是起放刺网渔具和收取渔获物的各种机械的总称，有起网机、振网机、理网机绞盘和动力滚柱等。小型渔船只配置绞盘和起网机。大型渔船有各种机械5～6台，可实现起网、摘鱼、理网和放网的机械化。

一、刺网起网机

绞收刺网网列的机械。根据工作原理可分为缠绕式、夹紧式和挤压式3类。也可根据起网方式分为绞纲类和绞网类两种，前者绞纲带网，网列呈平展式进入甲板，通常由两台机器分别绞沉子纲和浮子纲，故也可称沉子纲绞机和浮子纲绞机。两机结构有的完全相同，有的略有差异。有的单设1台绞沉子纲，其网列呈集束形进入机器直接进行绞收。图 7-2 所示为三滚轮刺网起网机。

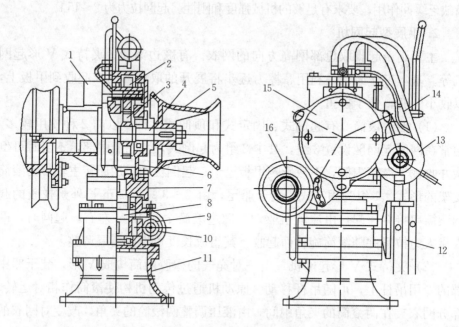

图 7-2 三滚轮刺网起网机

1. 马达 2. 小齿轮 3. 大齿轮 4. 工作轮轮轴 5. 摩擦鼓轮 6. 立轴 7. 箱体 8. 水平回转台
9. 蜗轮 10. 蜗杆 11. 机座 12. 液压管 13. 压轮 14. 操纵阀 15. 起网工作轮 16. 导网轮

1. 缠绕式起网机

通过旋转机件与纲绳或网列间的摩擦力进行起网。绞纲类有双滚轮、三滚轮、三滚柱等，纲绳与滚轮（柱）呈 S 形或 Ω 形接触，以增加包角和摩擦力，另由人力对纲绳施加初拉力将网起上。滚轮表面镶嵌橡胶，以增加摩擦系数，提高起网机的性能。绞网类有槽轮式和摩擦鼓轮式，网列靠槽轮楔紧摩擦力或鼓轮表面摩擦力而起网。槽轮摩擦力与轮的结构、楔角大小，以及轮面覆盖材料等有关。

2. 夹紧式起网机

通过旋转的夹具将刺网的纲绳或网列夹持或楔紧而起网。常见的有夹爪式和夹轮式。夹爪式起网机在一个水平槽轮上装有若干夹爪，能随槽轮同时转动，通过爪与槽轮表面夹住刺网的上纲或下纲进行转动而起网。每个夹爪在一转内依次做夹紧绞拉和松脱动作一次，实现连续起网。起网机的拉力与同时保持夹持状态的夹爪数有关。夹轮式起网机是槽轮将网列夹持后转动一个角度然后松脱而起网。槽轮有固定的和可调的两种。固定的槽轮其圆周槽宽不等距，网束在狭槽处夹紧，宽槽处松脱。可动的槽轮由两半组成，其中一个半体可以移动。工作时，槽轮半部倾斜压紧，半部松开。槽轮材料有金属、金属嵌橡胶条和充气胶胎等。

3. 挤压式起网机

通过两个相对转动的轮子挤压纲绳或网列而起网。常见的有球压式和轮压式。球压式起网机是通过两只充气圆球夹持纲绳连续对滚而起网，结构轻巧，体积小，通常悬挂在船的上空。轮压式起网机由两只直筒形的充气滚轮挤压网列连续对滚而起网，绞拉力超过球压式，体积较大，装在甲板上，绞收较大的网具。

二、刺网振网机

利用振动原理将刺入或缠于刺网网列上的鱼类抖落，以完成摘鱼作业的机械。主要由 3 根滚柱和曲柄连杆机构组成。大滚柱承受网列载荷，两根小滚柱系振动元件。曲柄连杆机构与支承两根滚柱的系杆组成摆动装置，实现振动抖鱼动作。工作时，网列呈 S 形进入两小滚柱间，再由大滚柱进行牵引。大滚柱工作速度约为 40 m/min，两根小滚柱相距 200～400 mm，振动速度每分钟约 200 次，振幅 200～400 mm，摘鱼效率高，但机械需占甲板面积 6～9 m。有垂直式与水平式两种结构。还可在振网机前网列通过的下方加装输送带，接收抖落的鱼类，以保证鱼品质量并提高处理效率。振网机适用于吨位较大的渔船。

三、刺网理网机

又称叠网机。将完成摘鱼作业后的网列顺序整齐排列堆高的机械。网列在一对滚柱间通过后，在连续垂直下放过程中由曲柄连杆机构左右摆动，实现反复折叠，浮子纲和沉子纲分别排列在两侧，理网效果较好。机体较大，适于吨位较大的渔船采用。有的用 2 台滚轮式机械分别绞纲带网，输送网列，并靠人力协助自然堆叠，效果较差，但网衣部分不需通过机械，机体较小，适用于百吨以下的小船。

四、刺网绞盘

绞收刺网带网纲和引纲的机械。具有垂直的摩擦鼓轮对渔具纲绳通过摩擦进行绞收而不储存。有的在绞盘下装有引纲自动调整装置。该装置主要由用于缓冲的钢丝绳及其卷筒、排绳器、安全离合器和报警装置等组成。钢丝绳与流刺网上的带网纲相联系。当带网纲张力超过安全离合器调定值时，离合器脱开，卷筒放出钢丝绳，缓和船与网之间的张紧度，使负荷降低，消除断纲丢网事故。张力减少时离合器自动闭合，卷筒停转。多次使用时，待钢丝绳放出长度达预定值后，能自动报警，卷筒即自动收绳，由排绳器使绳在卷筒上顺序排列。报警信号可及时通知开船配合收绳，以减少阻力。

五、动力滚柱

起网或放网的辅助装置。由动力装置和一个两头小、中间大的圆锥筒组成。滚柱长 2～4 m。大多装在船舷，可加快起放网速度。有的装在船尾，用于放网。

第五节　延绳钓捕捞机械

延绳钓捕捞机械是钓捕作业中操作钓具的各种机械。分为起线机械、辅助机械和自动钓机 3 类。起线机械是直接绞收钓线的机械，有延绳钓干线起线机、延绳钓支线绞机和曳绳钓起线机。辅助机械是对钓线进行储存、整理堆叠或投放的机械，有干线卷线机、干线理线机、干线放线机等。自动钓机是使放线、钓鱼、收线摘鱼等工序连续反复自动进行的机械，有鱿鱼自动钓机、鲣鱼自动竿钓机和自动延绳钓机等。

延绳钓捕捞机械的主要种类如下述。

一、延绳钓干线起线机

绞收延绳钓干线的机械，简称延绳钓起线（绳）机。有卧式和立式两种，以卧式应用较广。卧式起线机有三轮与四轮之分。三轮式起线机由工作轮、压紧轮和导向轮组成，位于同一平面。具有动力的工作轮用于牵引，也称牵引轮。压紧轮用以保证足够的摩擦力。导向轮将方向漂荡不定的干线引入工作轮，增加干线与工作轮间的接触包角，以提高起线机拉力。工作轮一般可变速。有的机座可回转，以适应起线方向变动的需要。拉力通常为500～1 500 N，速度60～300 m/min。四轮起线机由两对牵引轮和压紧轮组成。干线通过两对轮之间压紧摩擦而起线。具有缓冲装置的导向轮装在伸出船舷外的支撑杆端部。

二、延绳钓支线绞机

绞收延绳钓支线的机械。主要由绞线筒和滚珠安全离合器组成,圆锥形绞线筒位于立轴端部,上部为截锥体轮缘,圆周上有齿状槽,便于支线端部的弹夹置入槽内,然后转动收线。锥体使卷好的线圈能顺利脱出。安全离合器装在绞线筒与传动装置两轴之间。当支线拉力使绞线筒扭矩超过许用值时,安全离合器打滑使绞线筒主轴停转,可避免支线拉断丢鱼事故。当扭矩低于许用值时,滚珠复位,绞机即重新工作。

三、曳绳钓起线机

绞收、贮存、释放装有真饵或拟饵、及渔获物的曳绳钓钓线的机械。由一个卷筒和动力装置等组成。当某一钓线的钓钩在拖曳中钓到鱼后,将其与起线机连接,通过滑轮系统由卷筒绞收到船舷或船上进行取鱼,然后再次放线并进行固定。机械结构简单,功率小,但钓捕效率不高。

四、干线卷线机

贮存延绳钓干线的机械。简称卷线(绳)机。小型卷线机配有数个卷筒,逐个卷满线后移放在甲板上,操作不便。大型卷线机由一个大卷筒及排线器和动力装置等组成,能将直径 6 mm、长 10 万 m 以上的钢丝绳干线全部卷进,实现收线机械化;但体积大,重达数吨,且因卷线层数多而需复杂的调速装置,所需功率较大,适用于大型延绳钓渔船。

五、干线理线机

将延绳钓干线顺序盘绕堆叠、防止反捻纠结的机械,简称理线机。由牵引机构、理线机构、行走装置及导向滚柱等组成。牵引机构是一对工作轮,通过相对滚动,对干线压紧,借摩擦进行牵引。干线进入理线机构的转动弯管,使进入储线舱内或入笼内的干线被盘成圈状,逐层堆叠,可避免产生纠结现象。理线机装在具有轮子的车架上,能沿轻便轨道移动,依次在各储线舱上进行工作。放线时,通过机架上的导向滚柱和放线机,能顺利地将干线从舱内送出。比卷线机结构简单,体积小,自重轻,驱动功率小。由于工作时张力小,对干线的磨损较轻,在起放线作业中遇到故障时较易排除。

六、干线放线机

投放延绳钓干线的机械，简称放线机、投绳机。由 3 个工作轮及导向限位装置组成。结构和工作原理与三轮式起线机基本相同。牵引轮与导引轮均具动力。压紧轮既提供预紧压力，又具缓冲作用。压紧轮与牵引轮间压力的大小可通过弹簧装置进行调节。放线时，干线及其属具经导向限位装置进入导引轮，穿入牵引轮与压紧轮间，靠压紧摩擦高速放入海中，能适应航速 9～17 n mile/h 放钓的需要。放线速度通常为 300～400 m/min，可根据不同航速进行调整。有的放线机还设置蜂鸣器与放线长度数字显示装置，以便于指导放支线和控制放线长度。

七、鱿鱼钓机

能连续自动进行放线、引诱鱿鱼上钩、钓捕、起线卷绕和卸鱼作业的机械。主要由绕线卷筒、钓系、水深控制装置与换向装置等组成。钓机两侧的绕线卷筒呈菱形，卷线时卷速忽快忽慢，从而使钓具产生模拟的钓鱼动作，提高了钓捕效果。钓具由长几十米至百余米的钓线及数十个开花钩等组成。限速装置用于限制钓系投放速度。水深控制系统与换向装置连锁，当卷筒投放钓系至预定的钓鱼水深范围内时，卷筒自动换向，改为卷收；当全部钓系到达水面后，再自动改向放钓，实现连续自动钓鱼。采用新型高效的光诱技术加以配合，能提高钓机捕捞效率。

八、鲣竿钓机

能连续自动进行放竿、钓鱼、起竿、摘鱼作业，并引诱鲣鱼上钩的机械，简称钓鲣机。主要由曲柄连杆机构、液压传动装置和电液控制系统等组成。钓竿可伸缩以调整钓鱼范围，放到海面后能模拟钓鱼动作诱鱼上钩。鱼上钩后的重力通过电液控制系统和曲柄连杆机构使钓竿迅速向船上摆动，鱼靠离心力自动脱钩。空钩时，能自动放竿抛钩。钓竿的振幅周期、摆动幅度和起竿速度均可调节。还可根据鱼体重量不同，通过液压系统的压力控制装置自动调整起竿速度。起钓能力一般为 25～30 kg，起钓速度为 90°/s。

九、自动延绳钓机

由钓饵清除装置、起线机、传动导向装置、退捻器、吸钩器、集钩槽、自动切饵机和送饵装置等组成的机械化作业线，能使延绳钓钓鱼的主要作业工序自动化。起线时，钓线通过一对导向滑轮定位，由起线机的一对工作轮压紧，利用摩擦力进行牵引，进入一对刷子之间清洗干线、支线和钓钩，除去残饵。再经导向轮，进到退捻器，消除支线与干线的纠缠。吸钩器将钓钩依次挂到导杆上，进入集钩槽贮存。自动切饵机切出的片饵，由夹具夹紧定位于导杆端部。当支线上的钓钩在干线牵引下沿导杆端部滑动的瞬间，钩尖正好刺中饵料，随后与干线一起投放至水域中，形成钓捕循环动作。

第六节　液压传动捕捞机械的使用操作

液压传动捕捞机械结构简单，操作相对容易，但安装在狭小的渔船甲板上很容易发生操作人身事故，所以要特别强调安全操作规程。

液压机械主要都由液压马达、离合器、减速齿轮箱、传动轴、传动皮带、传动链条、鼓轮、滚筒、操纵机构等组成。在使用操作时应检查和注意以下事项：

① 检查离合器、传动装置、刹车是否可靠。

② 工作中设专人操纵控制阀。

③ 由主机齿轮箱传动的起网机，在主机高速和倒车时，不可操纵起网机。

④ 机械周围应清理干净杂物，操作人员应有熟练的操作技能，动作干净利索。

⑤ 机械不允许超负荷运行。

⑥ 放网、放绳时人要远离绳、绠滑行部位，控制刹车，掌握放网速度。一般不允许在快速放网时突然刹车，以免损坏设备和造成人身事故。

⑦ 机械各轴承、齿轮等传动部位要加好润滑油（脂）。

⑧ 检查各螺栓的紧固情况、皮带（链条）的松紧及齿轮的啮合情况和离合器的工作情况。

第七节　液压传动捕捞机械的维护保养

渔船捕捞机械普遍使用液压传动，应当十分重视液压系统的维护工作。液压系统可能出现的故障也是多种多样的，在使用中产生的大部分故障是由于油液被污染、系统中进入了空气及油温过高造成的。

在日常维护中，应当特别注意以下几方面的问题。

一、防止油液污染

在液压系统中油液的质量会直接影响到液压传动工作，在正常选用油液后，要特别注意保持油液的干净，防止油液中混入杂质污物，避免故障发生。

1. 油液污染对液压系统产生的危害

① 堵塞液压元件，如泵，阀类元件相对运动部件之间的配合间隙，液压元件中的节流小孔、阻尼孔和阀口，使元件不能正常工作。

② 污物进入液压元件相对运动部件之间的配合间隙，会划伤配合面，破坏配合面的精度和表面粗糙度，加速磨损，使元件泄漏增加，有时会使阀芯卡住，造成元件动作失灵。

③ 油液中污物过多，使油泵吸油口处滤油网堵塞，造成吸油阻力过大，使油泵不能正常工作，产生噪声和振动。

④ 油液中的污物会使油液变质。水分混入油液中，会使油液产生乳化，降低油的润滑性能，增加油液的酸值，导致元件使用寿命缩短，泄漏增加。

2. 防止油液污染的措施

在液压系统常见的故障中，很多是由于油液不干净造成的。因此，经常保持油液的干净，是维护液压设备的一个重要方面。防止油液污染的措施有以下几点：

① 油箱周围应保持清洁，油箱加盖密封，油箱上面设置空气过滤器。

② 油箱中油液要定期更换。一般累计工作1 000 h后，应当换油。所用器具如油桶、漏斗、抹布等应保持干净。换油时，将油箱清洗干净。注油时，应通过120目以上的过滤器。

③ 系统中应配置粗、细过滤器。要经常检查、清洗过滤器，如有损坏应及时更换。

④ 定期清洗液压元件并疏通管路，一般先用煤油清洗，然后再用系统中所用的油液清洗。

⑤ 定期检查管路和元件之间的管接头及密封装置，失效的密封装置应及时更换，管接头及各接合面的螺栓应拧紧。

二、防止空气进入液压系统

1. 空气进入液压系统的危害

① 使系统产生噪声。溶解在油液中的空气，在压力低时就会从油中逸出，产生气泡，形成空穴现象，到了高压区．在压力油的冲击下，气泡被击碎，急剧受压，使系统产生噪声。

② 油中的气体急剧受压时，会放出大量的热量，引起局部过热，损坏液压元件和液压油。

③ 油中的空气可压缩性大，使工作器官产生爬行和振动，破坏工作平稳性，影响加工精度。

2. 防止空气进入液压系统的措施

① 为防止回油管回油时带入空气，回油管必须插入油箱的油面以下。

② 吸入管及泵轴密封部分等低于大气压的地方应注意不要漏入空气。

③ 油箱的油面要尽量大些，吸入侧和回油侧要用隔板隔开，以达到消除气泡的目的。

④ 在管路及液压缸的最高部分设置放气孔，在启动时应放掉其中的空气。